React 开发实践

掌握 Redux 与 Hooks 应用

袁 龙 编著

清华大学出版社

北京

内 容 简 介

本书是一本专为前端开发读者打造的详细指南，旨在帮助读者全面掌握 React.js 技术，并提升开发能力。本书从 React.js 基础概念入手，带领读者逐步深入学习 React 脚手架应用、React 生命周期等核心内容，助力读者建立对 React.js 技术栈的整体认知和项目搭建能力。本书丰富的实例和经验分享有助于读者掌握最佳实践，涵盖了 React 动画、Redux、路由、Hooks 等关键主题的深入解析，帮助读者在实际开发中更加熟练地应用这些技术。此外，书中还包含企业官网项目实战案例，通过学习实际经验来提升问题解决能力，为未来的开发工作做好准备。

无论你是初学者还是希望进阶成为 React.js 高手，都能在本书中找到启示和指引，一起踏上 React.js 之旅，探索编程的乐趣与挑战！

图书在版编目（CIP）数据

React 开发实践：掌握 Redux 与 Hooks 应用 / 袁龙编著.

北京：清华大学出版社，2025. 1. -- ISBN 978-7-302-67721-5

Ⅰ . TN929.53

中国国家版本馆 CIP 数据核字第 2024Q389G1 号

责任编辑： 王秋阳
封面设计： 秦　丽
版式设计： 文森时代
责任校对： 范文芳
责任印制： 沈　露

出版发行： 清华大学出版社
　　　　　网　　址：https://www.tup.com.cn，https://www.wqxuetang.com
　　　　　地　　址：北京清华大学学研大厦 A 座　　　　　邮　　编：100084
　　　　　社 总 机：010-83470000　　　　　　　　　　邮　　购：010-62786544
　　　　　投稿与读者服务：010-62776969，c-service@tup.tsinghua.edu.cn
　　　　　质量反馈：010-62772015，zhiliang@tup.tsinghua.edu.cn
印 装 者： 三河市东方印刷有限公司
经　　销： 全国新华书店
开　　本： 185mm×230mm　　　　印　　张：17　　　　字　　数：349 千字
版　　次： 2025 年 1 月第 1 版　　　　　　　　印　　次：2025 年 1 月第 1 次印刷
定　　价： 89.80 元

产品编号：107736-01

序

Foreword

本书是一本涵盖 React.js 全方位内容的实战指南。本书将深入探讨 React 的基础知识、脚手架应用、生命周期、组件通信、组件化开发、动画、Redux、路由、Hooks 等重要概念，并通过一个企业官网项目实战案例，带领读者从零开始构建一个完整的 React 应用。

通过学习本书，读者将掌握 React.js 的核心技能，并学会如何将这些技能应用于实际项目中。在本书中，我们还将介绍一系列流行的工具和库，如 Create React App、React Router、Redux Toolkit 等，帮助读者提高开发效率和用户体验。

如何学习

☑ 确保已具备基本的前端知识，包括 HTML、CSS 和 JavaScript。

☑ 在学习过程中，尝试将书中案例应用到实际项目中，加深理解。

☑ 学习是一个持续的过程，不断练习和探索才能提升技能水平。

☑ 遇到问题时，可以参考书籍提供的示例代码和源码。

☑ 保持学习的热情和动力，跟随技术发展的步伐，不断进步。

本书特点

☑ 实用性强：案例基于真实企业级项目需求开发，帮助读者掌握实际开发技巧。

☑ 操作性强：所有代码通过演示讲解，可边学边练，理论与实践结合。

☑ 互动性强：书籍配套视频教程，帮助读者更好地理解代码实现过程。

读者对象

本书适合已掌握 JavaScript 基础知识的读者，对 React 实践应用感兴趣的开发者和工程师，希望提高前端开发技能并了解企业级应用开发的读者。

配套学习资源

（1）本书配有项目实战源码。

（2）本书配有视频教程。

读者可以通过扫描本书封底的二维码获取配套的学习资源或加入读者群。

勘误和支持

本书在编写过程中经过多次校对和验证，力求减少疏漏，但仍可能存在遗漏。欢迎读者批评指正，也欢迎读者来信一同探讨。愿通过本书的学习，您能获得更多收获与成就。

笔者

前 言

Preface

在当今快节奏的科技时代，Web 开发领域发展迅速，众多前端框架和技术层出不穷。其中，React.js 作为一款优秀的 JavaScript 库，一直备受开发者青睐。无论是初学者还是经验丰富的开发者，都希望能够深入了解 React.js 的核心概念和技术应用。

本书旨在深入探讨 React.js 的各个方面，从基础入门到实战项目，旨在帮助读者系统性地掌握 React.js 的技术要点，提升前端开发能力。无论您是刚入门 React.js，还是希望深入学习 React.js 的高级特性，本书都将为您提供全面的指导和实践经验。

本书的内容包括但不限于 React.js 的基础概念、React 脚手架应用、React 生命周期、React 组件通信、React 组件化开发、React 动画、Redux、路由、Hooks 和企业官网项目实战等。通过学习本书，读者能够掌握 React.js 的核心技术，将其应用于实际项目中，从而构建优秀的 Web 应用程序。

每一章的内容都经过精心的设计和深入的剖析，配合丰富的实际案例，让读者在学习的过程中能够轻松理解和掌握知识点。无论您是希望系统性地学习 React.js，还是想要探索 React.js 的新特性，本书都将是您的理想选择。

在这个充满活力和创新的时代，掌握 React.js 的知识将助您在 Web 开发领域中脱颖而出。让我们一起开启 React.js 之旅，探索无限的可能性吧！祝愿每一位读者都能够从本书中获益良多，不断提升自己的技术水平，成为优秀的前端开发者。

愿您在阅读本书的过程中获得知识的启迪和技能的提升，让我们共同探索 React.js 的奇妙世界！感谢您选择本书，让我们一同踏上这段充满挑战和收获的旅程！

祝学习愉快！

目　录

Contents

第 1 章
JavaScript 基础知识

React 是目前最受欢迎的用于构建前端 Web 应用程序的 JavaScript 库之一。在前端开发领域，掌握 React 技能对许多开发人员来说是必不可少的。然而，在学习 React 之前，首先需要具备扎实的 JavaScript 知识。这意味着你需要掌握 JavaScript 基础知识和技能。此外，了解 ES6+的功能也很重要，因为你将在 React 中大量使用到这些功能。如果你已经掌握了 JavaScript 及其相关功能，那么学习 React 将变得轻松许多，也更加容易。

在本章中，我们不会涵盖所有的 JavaScript 知识点，而是与你分享一些在学习 React 之前必须了解的重要的 JavaScript 功能。

1.1　JavaScript 构造函数

本节将介绍 JavaScript 构造函数的定义和使用。

在 JavaScript 中，构造函数是一种特殊的函数，其主要用途是实例化对象并初始化对象的属性和方法。通过使用构造函数，我们可以方便地创建多个相似的对象，而不必重复编写代码。

构造函数还提供了一种可重复使用和扩展的方式以创建对象。无论你是刚开始学习JavaScript 还是已经具备一定经验，掌握构造函数的概念和运用对于提高代码的可维护性和重用性都是非常有益的。

接下来，我们将深入探讨构造函数的细节，并通过实例和示例代码说明其用法和优势。

1.1.1　原始构造函数

原始构造函数是最基本的构造函数方法。它使用关键字 new 创建新对象，并设置其属性和方法。以下是一个使用原始构造函数创建对象的示例。

```javascript
function Person(name, age, gender) {
  this.name = name;
  this.age = age;
  this.gender = gender;
}
var person1 = new Person("Tom", 25, "男");
console.log(person1);
```

【代码解析】

注意，本书为所有代码标注了 markdown 标记，如上所示，"```" 是 markdown 标记，javascript 表示此段代码为 javascript。

在上面的示例代码中，我们定义了一个名为 Person 的构造函数。它接收三个参数：name、age 和 gender。当我们使用关键字 new 创建一个新的 Person 对象时，我们传入这些参数并将它们分配给该对象的属性。最后，可以通过访问 person1 对象来查看它的属性值。

使用原始构造函数创建对象有助于在代码中创建可重复使用的对象模板。通过使用构造函数，我们可以轻松创建多个具有相似属性和方法的对象。

此外，原始构造函数还可以使用原型（prototype）添加和共享方法。原型是一个指向对象的引用，我们可以向其添加方法和属性，并让所有通过该构造函数创建的对象都能访问这些方法和属性。

通过使用原始构造函数和原型，我们可以创建出更加灵活和可扩展的对象。这种方式不仅可以提高代码的可读性和可维护性，还可以节省内存空间。

在实际开发中，我们经常使用原始构造函数来创建对象，并在其基础上构建复杂的应用程序。无论是创建一个人物角色，还是构建一个电子商务网站的产品实例，原始构造函数都是一个非常有用的工具。

总而言之，原始构造函数是创建对象的一种基本方法。它使用关键字 new 来实例化对象，并设置其属性和方法。在代码中使用原始构造函数可以提高可重用性和可扩展性，同时也能使代码更加整洁和易于维护。使用原始构造函数和原型可以构建出更灵活和高效的对象。无论你是在开发小型项目还是复杂的应用程序，原始构造函数都是不可或缺的工具。

1.1.2　构造函数中的实例属性和静态属性

本节内容讲解构造函数中的实例属性和静态属性。1.1.1 节定义了一个名为 Person 的构造函数，它接收三个参数：name、age 和 gender。

由于构造函数中的 this 表示实例对象本身，所以 name、age 和 gender 三个属性又称作

实例属性。换言之，通过实例对象访问的属性就是实例属性。

作为对比，通过构造函数直接访问的属性就是静态属性。

以下是一个静态属性示例。

```javascript
function Person(name, age, gender) {
  this.name = name;
  this.age = age;
  this.gender = gender;
}
Person.msg="Hello World";
var person1 = new Person("Tom", 25, "男");
console.log(person1);
console.log(Person.msg);
```

【代码解析】

上述代码在 Person 构造函数中新增了 msg 属性，person1 是通过构造函数创建的实例对象，此时 person1 中并没有打印 msg 属性，这是因为 msg 并不是实例属性。

msg 属性挂载到构造函数 Person 本身，这种挂载属性的形式就是静态属性。

1.1.3　构造函数中的实例方法和静态方法

本节讲解构造函数中的实例方法和静态方法。在构造函数中为了节约内存，方法一般会添加到构造函数的原型对象中。如果将方法定义在构造函数内部，后期每创建一个实例对象都会相对应地创建其方法，从而导致消耗内存，所以我们将方法定义在构造函数的原型对象中。

以下是向 Person 构造函数添加 sayHi() 方法示例。

```javascript
function Person(name, age, gender) {
  this.name = name;
  this.age = age;
  this.gender = gender;
}
Person.prototype.sayHi=function{
  console.log("实例方法")
}
var person1 = new Person("Tom", 25, "男");
console.log(person1);
```

```
person1.sayHi()
```

【代码解析】

上述代码调用 Person.prototype 向原型对象中添加了 sayHi()方法，通过实例对象 person1 可以直接调用 sayHi()方法。

通过实例对象访问的方法可以称作实例方法。

接下来看一下如何定义静态方法，通过构造函数直接访问的方法就是静态方法。

以下是定义静态方法示例。

```javascript
function Person(name, age, gender) {
  this.name = name;
  this.age = age;
  this.gender = gender;
}
Person.show=function{
  console.log("静态方法")
}
var person1 = new Person("Tom", 25, "男");
console.log(person1);
Person.show()
```

【代码解析】

上述代码在 Person 构造函数中直接挂载 show()方法。注意，并不是在 Person.prototype 原型对象中。

show()方法通过构造函数 Person.show()直接调用，而不是通过 person1.show()进行调用，这种通过构造函数直接调用的方法称作静态方法。

1.2　ES6 class 关键字创建类

JavaScript 中使用 ES6 语法创建类是一种常见编程技巧。本节内容将介绍如何使用 ES6 语法创建类，并通过实例和应用场景来展示其优势。

在 ES6 中，我们可以使用 class 关键字来定义一个类，并通过 constructor()方法来初始化类的实例。使用 class 语法，我们可以更加清晰和易于理解地表达一个类的属性和方法。

下面是一个使用 ES6 语法创建类的示例。

```javascript
class Person {
    constructor(name, age) {
        this.name = name;
        this.age = age;
    }
    sayHello() {
        console.log(`Hello, my name is ${this.name} and I am ${this.age} years old.`);
    }
}

const tom = new Person("Tom", 25);
tom.sayHello(); // 输出：Hello, my name is Tom and I am 25 years old.
```

【代码解析】

在上述代码中，我们定义了一个名为 Person 的类，它有两个属性：name 和 age。我们使用 constructor()方法来初始化这些属性。还定义了一个名为 sayHello 的方法，用于输出类的实例信息。通过 new 关键字，我们创建了一个 Person 类的实例 tom，并调用了它的 sayHello()方法。

ES6 语法还引入了新的继承机制，通过 extends 关键字可以让一个类继承另一个类的属性和方法。下面是一个继承的示例。

```javascript
class Student extends Person {
    constructor(name, age, grade) {
        super(name, age);
        this.grade = grade;
    }
    study() {
        console.log(`${this.name} is studying in grade ${this.grade}.`);
    }
}
const jerry = new Student("Jerry", 18, "6th");
jerry.sayHello(); // 输出：Hello, my name is Jerry and I am 18 years old.
jerry.study(); // 输出：Jerry is studying in grade 6th.
```

在上面的示例代码中，我们定义了一个名为 Student 的类，它继承自 Person 类。我们在 Student 类的 constructor()方法中使用 super 关键字调用父类 Person 的构造函数，以便初始化继承自父类的属性。还定义了一个名为 study 的方法，用于输出学生的学习信息。通过 new 关键字，我们创建了一个 Student 类的实例 Jerry，并调用了它的 sayHello()和 study()方法。

通过使用 ES6 语法创建类，我们能够更加清晰地组织和表达代码，使代码的可读性和可维护性大大提高。此外，ES6 的类继承机制还能够让我们更加灵活地扩展和重用代码。

总结一下，使用 ES6 语法在 JavaScript 中创建类是一种常见且强大的编程技巧。ES6 语法提供了更加简洁和直观的语法元素，简化了类的定义和使用。通过使用 class 关键字和 extends 关键字，我们可以创建出清晰、可读性高、可维护性强的类结构，并能够轻松地扩展和重用代码。

1.3　class 类继承

1.2 节通过 extends 关键字实现了一个类继承另一个类的属性和方法。本节将详细讲解 class 类中的继承。继承是面向对象编程中非常重要的概念，它使得我们可以在一个类中直接使用另一个类的属性和方法。在讲解继承的过程中，我们将重点介绍三个方面的内容：属性继承、方法继承以及创建类的私有属性和方法。这些内容将帮助读者更好地理解和应用继承的概念，提升编程能力。

1.3.1　属性继承

本节内容将重点介绍属性继承的实现。在面向对象的编程中，属性继承是一种强大的机制，它支持子类继承父类的属性，使得代码更加灵活和可复用。

在属性继承的过程中，子类会继承父类的所有属性。这意味着，子类可以像父类一样使用这些属性，而不需要重新定义。这大大简化了代码的编写和维护过程，减少了重复劳动。

以下代码是创建一个父类的示例。

```javascript
class Person {
  constructor(name, age) {
    this.name = name;
    this.age = age;
  }
}
```

```
const tom = new Person("Tom", 25);
console.log("tom")
```

【代码解析】

上述代码创建了一个 Person 父类，并且在父类中有 name 和 age 这两个属性，接下来我们再创建一个 student 类，使 student 类继承于 Person 类。

继承的语法是使用 extends 关键字实现，语法如下。

```
class 子类名 extends 父类
```

根据继承语法创建 student 类，示例代码如下。

```javascript
class Student extends Person {
    constructor(name, age) {
        super(name, age);
    }

}
const jerry = new Student("Jerry", 18);
console.log(jerry)
```

【代码解析】

上述代码中，constructor()方法是 Student 自身的构造器，用于接收在 new Student()过程中传入的 name 和 age 属性。

在继承的过程中，constructor()方法里面必须调用 super()方法，这里的 super()表示调用父类的 constructor()方法。

上述代码中的 super()表示调用父类 Person 中的 constructor()，父类中的 constructor()方法同样需要接收 name 和 age 参数，最终实现属性继承。

1.3.2　方法继承

本节将专注讨论如何在 ES6 中实现类方法的继承。通过学习这一部分的内容，你将能够全面了解 ES6 中 class 类的继承机制。本节内容将逐步引导你学习继承方法的基本概念和实现步骤，帮助你快速掌握这一重要的编程技巧。

接下来我们将在 Person 父类中，新增一个 sayHello()方法，示例代码如下。

```javascript
```

```
class Person {
    constructor(name, age) {
        this.name = name;
        this.age = age;
    }
    sayHello() {
        console.log(`Hello, my name is ${this.name} and I am ${this.age} years
old.`);
    }
}
```
```

Student 子类通过 extends 关键字实现继承之后，可直接使用父类中的方法，示例代码如下。

```javascript
class Student extends Person {
    constructor(name, age) {
        super(name, age);
    }
}
const jerry = new Student("Jerry", 18);
jerry.sayHello(); // 输出: Hello, my name is Jerry and I am 18 years old.
```

继承方法相对来说较为简单，通过子类的实例对象直接调用父类中的方法即可。

无论是开发大型项目还是个人独立开发，掌握类方法的继承都能极大地提高编码工作的便利性和效率。

1.3.3 创建类的私有属性和方法

本节将详细讲解 JavaScript 继承中创建类的私有属性和方法。通过阅读本节内容，你将学习如何在 JavaScript 中实现类的继承，并创建属于类自身的私有属性和方法。这对于提高代码的封装性和重用性非常有帮助。通过本节的学习，相信你将对 JavaScript 继承的概念有更深入的理解，并能够灵活运用于自己的项目中。

接下来，我们在 Student 子类中定义私有属性 grade 和私有方法 study()，示例代码如下。

```javascript
class Student extends Person {
    constructor(name, age, grade) {
        super(name, age);
```
```

```
        this.grade = grade;
    }
    study() {
        console.log(`${this.name} is studying in grade ${this.grade}.`);
    }
}
const jerry = new Student("Jerry", 18, "6th");
jerry.sayHello(); // 输出: Hello, my name is Jerry and I am 18 years old.
jerry.study();    // 输出: Jerry is studying in grade 6th.
```

【代码解析】

jerry.sayHello()是继承父类 Person 中的方法, 输出的是姓名和年龄, 而 jerry.study()是 Student 子类私有方法, 输出的是姓名和年级。

注意, 在子类的 constructor()构造器中, name 和 age 这两个参数用于继承父类, 而 grade 参数是 Student 子类的私有属性。

在挂载私有属性的子类中, 需要注意一个语法规则, 私有属性必须在 super()函数之后初始化。这是一个关键的语法规则, 帮助我们确保私有属性的正确使用。

1.4　深入解析 JavaScript ES6 展开运算符

在现代的 JavaScript 开发中, ES6 展开运算符是一种强大而灵活的工具, 可以用于同时复制和合并数组, 将字符串转换为数组, 甚至可以复制和合并对象。本节将深入讲解 JavaScript 的展开运算符, 揭示这项强大功能的奥秘。

1. 数组展开运算符

数组展开运算符是展开运算符的一种应用, 它可以完成对数组进行复制、合并, 以及将字符串转换为数组的操作。

1) 复制数组

使用数组展开运算符可以轻松复制一个数组, 示例代码如下。

```javascript
const originalArray = [1, 2, 3];
const copiedArray = [...originalArray];
console.log(copiedArray); // 输出: [1, 2, 3]
```

通过简单地使用展开运算符，我们实现了数组的复制，并将结果存储在新的变量 copiedArray 中。

2）合并数组

除了复制数组，展开运算符还可以实现两个或多个数组的合并，示例代码如下。

```javascript
const array1 = [1, 2, 3];
const array2 = [4, 5, 6];
const mergedArray = [...array1, ...array2];
console.log(mergedArray); // 输出：[1, 2, 3, 4, 5, 6]
```

通过将多个数组放在数组展开运算符中并使用逗号分隔，可以将它们合并为一个新的数组。

3）字符串转数组

展开运算符还可以将字符串转换为数组，并以单个字符作为数组元素，示例代码如下。

```javascript
const str = "Hello";
const strArray = [...str];
console.log(strArray); // 输出：['H', 'e', 'l', 'l', 'o']
```

通过使用展开运算符，可以将一个字符串快速转换为由单个字符组成的数组。

2. 对象展开运算符

除了数组展开运算符，ES6 还引入了对象展开运算符，它可以用于复制和合并对象。

1）复制对象

使用对象展开运算符可以简单地复制一个对象，示例代码如下。

```javascript
const originalObj = { name: 'Tom', age: 18 };
const copiedObj = { ...originalObj };
console.log(copiedObj); // 输出：{ name: 'Tom', age: 18 }
```

通过使用对象展开运算符，实现了对象的复制，并将结果存储在新的变量 copiedObj 中。

2）合并对象

除了复制对象，展开运算符还能够合并两个或多个对象，示例代码如下。

```javascript
```

```
const obj1 = { name: 'Tom', age: 18 };
const obj2 = { sex: '男' };
const mergedObj = { ...obj1, ...obj2 };
console.log(mergedObj); // 输出: { name: 'Tom', age: 18, sex: '男' }
```

通过将多个对象放在对象展开运算符中并使用逗号分隔，可以将它们合并为一个新的对象。

JavaScript ES6 展开运算符为开发者提供了一种方便而强大的工具，可以轻松地复制和合并数组、对象，甚至将字符串转换为数组。通过灵活运用展开运算符，我们能够大大简化代码，并提高开发效率。无论是在前端开发还是后端开发中，展开运算符都是一项不可或缺的技术。

1.5　ES6 数组迭代方法

在当今的 JavaScript 开发领域中，数组迭代方法已经成为开发者必不可少的工具。ES6 引入了一系列强大的数组迭代方法，它们简洁、灵活且功能强大，极大地简化了数组操作的过程。借助这些迭代方法，能够轻松地对数组进行遍历、筛选、映射和聚合等操作，从而大大提高了代码的可读性和可维护性。无论是处理小型数组还是处理大型数据集，这些数组迭代方法都能带来便捷且高效的编程体验。本节将介绍一些常用的 ES6 数组迭代方法。

1.5.1　map()方法

ES6 引入了一个非常强大的方法——map()。map()方法的主要作用是对原数组中的每个元素进行处理，并将处理后的数据存储到新数组中。

以一个具体的案例说明 map()方法的用法。假设有一个订单数组 orderList，每个订单都包含商品名称和价格。现在，我们希望将订单数组中每个订单的价格进行折扣处理，然后存储到一个新的数组 discountedList 中。

使用 map()方法，我们可以轻松地完成这个任务。首先，定义一个折扣函数 discount()，它接收一个订单对象作为参数，并返回折扣后的价格。然后，使用 map()方法遍历 orderList 数组，并传入 discount()函数，将处理后的数据存储到 discountedList 数组中。

示例代码如下。

```javascript
const orderList = [
  { name: '商品1', price: 100 },
  { name: '商品2', price: 200 },
  { name: '商品3', price: 300 }
];
const discount = (order) => {
  // 进行折扣处理，这里假设折扣为80%
  return order.price * 0.8;
};
const discountedList = orderList.map(discount);
console.log(discountedList);
```

执行以上代码，我们将会得到一个新的数组 discountedList，其中包含折扣后的价格。通过 map()方法，我们避免了显式地使用 for 循环遍历数组，并且使代码更加简洁和更具可读性。

除了可以处理简单的数据转换，map()方法还可以处理更加复杂的操作。例如，可以利用 map()方法从一个对象数组中提取某个属性，然后将提取的属性值存储到一个新的数组中。

在以上案例中，我们已经了解了 map()方法的基本用法。然而，map()方法还有更多的特点和用法值得探索。例如，我们还可以指定 map()方法的第二个参数设置回调函数中的 this 指向。

总之，ES6 的 map()方法为处理数组提供了非常方便和强大的功能，能够更加高效地处理和转换数据。无论是简单的数据转换还是复杂的操作，map()方法都能提升开发效率并减少代码冗余。

1.5.2　forEach()方法

在 ES6 中，forEach()是一种强大而简洁的数组循环方法。它提供了一种简便的方式来遍历数组中的每个元素，并对每个元素执行特定的操作。本节将详细介绍 forEach()方法的用法和一些需要注意的事项。

forEach()方法的基本语法如下。

```
array.forEach(callback,[thisArg]);
```

其中，array 是待循环的数组，callback 是对每个元素进行操作的回调函数。thisArg（可选）是 callback 函数内部的 this 指向。

回调函数是 forEach()方法最关键的部分。它接收三个参数：当前遍历的元素、元素的索引和数组本身。我们可以在回调函数中使用这些参数实现具体的操作。

为了帮助读者更好地理解 forEach()的使用方法，这里使用一个简单的案例进行演示。假设有一个存储学生信息的数组，每个学生对象包含姓名和成绩。我们想要遍历这个数组，输出每个学生的姓名和成绩。

```javascript
const students = [
  { name: 'Tom', score: 80 },
  { name: 'Jerry', score: 90 },
  { name: 'Xm', score: 60 }
];

students.forEach((student, index) => {
  console.log(`学生 ${index+1}: 姓名:${student.name}, 成绩:${student.
score}`);
});
```

运行上述代码，将得到如下输出结果。

```
学生1: 姓名:Tom, 成绩:80
学生2: 姓名:Jerry, 成绩:90
学生3: 姓名:Xm, 成绩:60
```

forEach()方法注意事项如下。

1．不支持中途退出

forEach()方法是一种完全遍历数组的方式，它会对数组中的每个元素都执行一次回调函数。因此，无法中途退出或者跳过某个元素的遍历。如果需要中途退出或者跳过特定元素的遍历，建议使用其他循环方式。

2．不会改变数组本身

需要注意的是，forEach()方法不会改变数组本身。即使在回调函数中对元素进行了修改，原始数组仍然保持不变。如果需要改变数组本身，可以考虑使用其他方法，例如 map()、filter()等。

3．异步操作

在进行异步操作时，使用 forEach()方法可能会带来一些问题。由于 forEach()方法是同步执行的，程序将会一直等待异步操作完成后才能继续执行后续代码。如果需要处理异步操作，可以使用 for 循环结合 Promise 或者 async/await 等方式来实现。

forEach()是一种强大且方便的循环方法，可以轻松遍历数组并对每个元素执行指定的操作。然而，需要注意的是 forEach()方法无法中途退出或者跳过特定元素的遍历，也不会改变数组本身。在处理异步操作时，需要综合考虑 forEach()方法的特点来选择合适的处理方式。

1.5.3　filter()方法

filter()方法是 ES6 增加的一种强大的数组操作方法。它的作用是过滤数组中的元素，只保留符合指定条件的值，并返回一个全新的数组。通过使用 filter()方法，可以更加灵活地对数组进行筛选，以满足各种需求。

要使用 filter()方法，需要掌握以下几个基本概念。

（1）数组方法：filter()是一种数组方法，可以直接应用于任何数组对象。

（2）回调函数：filter()需要一个回调函数作为参数。这个回调函数接收数组中的每个元素作为参数，并根据是否符合条件返回一个布尔值。如果返回值为 true，则该元素将保留在新的数组中，否则将被过滤掉。

（3）新数组：filter()返回一个全新的数组，其中只包含符合条件的元素。原始数组不受影响。

以下是一个示例代码，展示了如何使用 filter()方法。

```javascript
const numbers = [1, 2, 3, 4, 5];
const oddNumbers = numbers.filter(function(number) {
  return number % 2 !== 0;
});
console.log(oddNumbers); // 输出[1, 3, 5]
```

以上代码中，我们定义了一个数组 numbers，然后使用 filter()方法筛选出其中的奇数。通过传入一个回调函数，判断每个元素是否满足条件（是否为奇数），然后将符合条件的元素保留在新的数组 oddNumbers 中。

filter()方法在实际应用中非常常见。下面以购物网站为例，介绍一种实际应用场景。

在一个电商网站上，用户想要找到价格低于 100 元的所有商品，可以使用 filter()方法实现这个功能。假设电商网站的商品信息存在一个数组 products 中，每个商品包含 name（商品名称）和 price（商品价格）属性。示例代码如下。

```javascript
const products = [
  { name: '手机', price: 999 },
  { name: '电视', price: 1999 },
  { name: '鼠标', price: 49 },
  { name: '键盘', price: 89 },
];
const cheapProducts = products.filter(function(product) {
  return product.price < 100;
});
console.log(cheapProducts); // 输出[{ name: '鼠标', price: 49 }, { name: '键盘', price: 89 }]
```

以上代码中，我们定义了一个包含商品信息的数组 products，然后使用 filter()方法筛选出价格低于 100 元的商品。通过传入回调函数，判断每个商品的价格是否低于 100 元，然后将符合条件的商品保留在新的数组 cheapProducts 中。

filter()方法是一个非常实用的数组操作方法，可以轻松筛选出符合条件的值。掌握 filter()方法的使用方法和原理，并结合实例应用，可以在实际开发中更加高效地使用数组操作。

1.5.4　some()方法

ES6 的 some()方法用于检测数组中的元素是否满足指定条件。本节将详细解读 ES6 的 some()方法的强大功能，并通过精心设计的实践案例，帮助你掌握数组的 some()方法。

在深入探究 ES6 的 some()方法之前，先了解一下它的基本用法。some()方法接收一个回调函数作为参数，用于检测数组中的每个元素是否满足给定的条件。回调函数将传入三个参数：当前元素的值、当前元素的索引和被调用的数组。当有一个元素满足条件时，some()方法将立即返回 true，否则返回 false。

接下来我们通过案例演示 some()方法的使用。

假设有一个数组 fruits，包含了一些水果名称。我们想检查数组中是否存在某个元素为"apple"的水果。使用 ES6 的 some()方法，实现代码如下。

```
const fruits = ["banana", "apple", "orange", "grape"];
```

```
const hasApple = fruits.some(fruit => fruit === "apple");
console.log(hasApple); // 输出: true
```

通过上述代码，我们得到了一个结果为 true 的布尔值，表明数组中存在一个叫作 apple 的水果。

除了基本的元素检测，ES6 的 some()方法还可以与其他数组方法结合使用，进行复杂的条件筛选。示例代码如下。

```
const persons = [
  { name: "Tom", age: 18 },
  { name: "Jerry", age: 23 },
  { name: "Xm", age: 28 }
];
const isAdult = persons.some(person => person.age >= 18);
console.log(isAdult); // 输出: true
```

上述代码中，我们定义了一个 persons 数组，其中包含了一些人的信息，包括姓名和年龄。通过结合 some()方法和箭头函数，我们成功检测到数组中是否存在成年人，即年龄大于等于 18 岁。输出结果为 true，表明 persons 数组中至少存在一个成年人。

通过以上两个案例，我们可以看到 ES6 的 some()方法在实际开发中的灵活运用。只要理解了该方法的基本用法，并能够熟练运用其回调函数，我们就能享受到它带来的方便和效率。

总结一下，ES6 的 some()方法是一种强大的数组操作方法，可以用于检测数组中的元素是否满足给定的条件。

1.5.5 every()方法

ES6 的 every()方法的作用是快速、高效地判断数组中的所有元素是否都满足指定的条件。借助 every()方法，可以节省时间和精力，便捷地完成对数组元素的全面检查。

every()方法的特点如下。

（1）快捷高效：every()方法在处理大型数组时具有出色的性能表现。它以一种优化的方式遍历数组，及时发现某个元素不符合条件的情况，从而减少不必要的迭代过程。

（2）简洁灵活：使用 every()方法，只需定义一个条件函数，并将其作为参数传递给 every()方法，即可完成对数组元素的判断。这种函数式编程的方式使得代码更加简洁且容易理解。

（3）条件自定义：every()方法提供了极大的灵活性，使用户可以根据实际应用的需求自由定义判断条件。可以使用内置的回调函数，也可以自己编写条件函数，根据数组元素的特点与具体要求进行判断。

接下来通过案例演示 every()方法的使用。

假设你正在开发一个电子商务网站，并负责验证用户注册时输入的手机号是否全部是有效的。使用 every()方法可以轻松解决这个问题。

首先，创建一个包含多个手机号的数组。

```
const numbers = ["13512345678", "13187654321", "13654321987", "abc12345678"];
```

然后，定义一个条件函数，用于判断每个手机号是否符合规定。

```
function isValidPhone(number) {
  const regExp = /^1[3456789]\d{9}$/;          // 手机号正则表达式
  return regExp.test(number);
}
```

最后，使用 every()方法应用条件函数进行验证。

```
const isAllValid = numbers.every(isValidPhone); // 检查数组中的每个手机号是否
都有效
console.log(isAllValid);                          // 输出：false
```

在这个示例中，数组中包含一个无效的手机号"abc12345678"，使用 every()方法可以快速检测到该手机号不符合规定，从而返回 false。

ES6 的 every()方法是一种便捷有效的工具，用于判断数组中元素是否都满足指定条件。其快捷高效的特点使得在处理大型数组时能够发挥出色的性能表现。通过使用 every()方法，可以简化代码逻辑，提高开发效率。无论是在电子商务网站、数据处理还是其他领域，every()方法都能够为你的应用带来更多便利与灵活性。

1.5.6　reduce()方法

reduce()方法是 ES6 中一个非常实用的数组方法，它可以将数组的所有元素通过指定的运算方式，归并为单一值。这个值可以是任何类型，例如数值、字符串或对象。reduce()

方法是一个灵活且功能强大的函数，常用于对数组中的元素进行汇总和累加，找到数组中的最大值或最小值，以及进行复杂的数据处理，等等。

reduce()方法接收两个参数：回调函数和初始值。回调函数是一个可以自定义的函数，它将应用于数组的每个元素上，以计算最终结果。回调函数又接收四个参数：累计值、当前值、当前索引和原数组。初始值是可选的参数，如果传递了初始值，则 reduce()方法将使用该值作为第一次执行回调函数时的累计值。如果没有传递初始值，则 reduce()方法将使用数组的第一个元素作为初始值，并从数组的第二个元素开始执行回调函数。

接下来通过一个实际案例演示 reduce()方法的使用。

假设有一个购物车数组，其中包含多个物品的信息，如名称、价格和数量。我们想要计算这些物品的总价格，可以使用 reduce()方法实现。

```javascript
const cart = [
  { name: '手机', price: 1999, quantity: 2 },
  { name: '电视', price: 3999, quantity: 1 },
  { name: '耳机', price: 399, quantity: 3 },
];
const totalValue = cart.reduce((total, item) => {
  return total + item.price * item.quantity;
}, 0);
console.log(`购物车中的商品总价格为：${totalValue}元`);
```

在上述案例中，我们首先定义了一个购物车数组，其中包含了三个物品的信息。然后使用 reduce()方法计算购物车中物品的总价格。回调函数接收了两个参数：total（累计值）和 item（当前物品）。在回调函数中，通过将每个物品的价格乘以数量，然后累加到总价值上，从而得到最终的总价格。初始值为 0，表示累计值的初始值为零。

运行以上代码，控制台将输出购物车中商品的总价格为 7993 元。

本节详细介绍了 ES6 中 reduce()方法的使用方法，并通过一个案例展示了它的实际应用。reduce()方法是一个非常强大的函数，可以快速、简洁地处理数组中的元素，并得到想要的结果。

1.6　ES6 解构赋值

在 JavaScript 开发中，ES6 解构赋值已成为一种常见的编程方式。通过解构赋值，可以更方便地获取并使用数据。本节将详细介绍 ES6 解构赋值中的对象解构和数组解构，并提供相关案例以帮助读者更好地理解和运用这一特性。

1. 对象解构

ES6 对象解构支持通过简洁的语法从对象中提取值并将其赋给变量。这使得代码更加简洁和更具可读性。案例代码如下。

```javascript
const person = {
  name: Tom,
  age: 20,
};
// 使用解构赋值从对象中提取值
const { name, age } = person;
console.log(name);      // 输出：Tom
console.log(age);       // 输出：20
```

在上述案例中，通过解构赋值从 person 对象中提取了 name、age 的值，并将它们赋值给对应的变量。通过这种方式，可以轻松地在代码中使用这些属性值。

2. 数组解构

除了对象解构，ES6 还提供了数组解构。通过数组解构，可以将数组中的值赋给变量，更加方便地进行操作。案例代码如下。

```javascript
const numbers = [1, 2, 3, 4, 5];
// 使用解构赋值从数组中提取值
const [first, second, ...rest] = numbers;

console.log(first);     // 输出：1
console.log(second);    // 输出：2
console.log(rest);      // 输出：[3, 4, 5]
```

在上述案例中，我们使用解构赋值从 numbers 数组中提取了前两个值，并将其赋值给 first 和 second 变量。同时，使用 "...rest" 语法提取剩余的值赋给 rest 变量。这样，可以灵活地获取和操作数组中的值。

在实际开发中，我们可以充分利用解构赋值的特性，提高开发效率，并使代码更加清晰和易于维护。

假设我们正在开发一个电商网站的购物车功能。购物车中的商品信息是一个对象数组，我们希望从购物车中获取每个商品的名称和价格，以便展示给用户。通过 ES6 解构赋值的数组结构，我们可以轻松地实现这个功能。示例代码如下。

```javascript
const cartItems = [
  { id: 1, name: 'iPhone XR', price: 4999 },
  { id: 2, name: 'iPad Pro', price: 6999 },
  { id: 3, name: 'MacBook Pro', price: 12999 }
];

// 使用解构赋值从购物车中提取商品名称和价格
cartItems.forEach(({ name, price }) => {
  console.log(`商品名称: ${name}，价格: ${price} 元`);
});
```

在上述例子中，我们使用了 forEach()方法遍历购物车中的每个商品对象，并通过解构赋值提取商品的名称和价格。然后将它们打印到控制台上，实现了商品信息的展示。这样，我们可以方便地将购物车中的商品信息展示给用户，提升用户体验。

1.7 箭头函数中的 this 指向

在传统的 JavaScript 函数中，this 关键字的指向是动态的，取决于函数被调用的方式。但在 ES6 的箭头函数中，this 的指向是固定的，捕获外部作用域的 this 值，并将其绑定到函数内部。

这个特点使得箭头函数在编写代码时更加简洁和便捷。相比之下，传统函数在使用 this 时则需要额外注意，经常需要使用 bind()、call()、apply()等方法手动绑定 this。

我们通过一个案例来详细了解箭头函数的特点。

创建一个名为 Person 的对象，并定义其中的方法。使用传统函数编写如下。

```javascript
function Person(name) {
  this.name = name;
  this.sayHello = function() {
    console.log("Hello, I'm " + this.name);
  }
}
```

```
var person = new Person("Tom");
person.sayHello(); // 输出：Hello, I'm Tom
```

在以上代码中，我们通过构造函数创建了一个 Person 对象，并为其定义了 sayHello()
方法。在方法内部，我们使用 this 关键字引用对象的属性 name。

接下来，使用箭头函数进行重写。

```javascript
function Person(name) {
  this.name = name;
  this.sayHello = () => {
    console.log("Hello, I'm " + this.name);
  }
}

var person = new Person("Tom");
person.sayHello(); // 输出：Hello, I'm Tom
```

通过使用箭头函数，我们无须再关注 this 的指向问题，直接使用 this.name 即可。

对于箭头函数，重要的是，箭头函数本身并没有绑定 this。如果在箭头函数中出现了
this，它指向的是上级作用域中的 this。通俗地讲，箭头函数被定义在哪里，箭头函数中的
this 就指向哪里。

接下来再看另一个案例。

```javascript
const obj = {name: "Tom"}
function fn() {
  console.log(this)
  return () => {
    console.log(this);
  }
}
const res = fn.call(obj)
res()
```

【代码解析】

在上述代码中，fn()是一个普通函数，普通函数中的 this 正常应该指向 window。由于
箭头函数定义在 fn()函数中，所以箭头函数中的 this 也指向 window。

注意，在调用 fn()函数时，通过 call()方法修改了 this 指向，此时 fn()函数中的 this 指向了 obj 对象，根据"箭头函数被定义在哪里，箭头函数中的 this 就指向哪里"这一原则，箭头函数中的 this 也指向了 obj 对象。

另外，箭头函数还具有很多特点，例如对参数的处理更加简洁、消除了自身的 arguments 对象等。但需要注意的是，箭头函数不适合作为构造函数使用，也不能使用 apply()、call()等方法改变其 this 值。

总之，在 ES6 中，箭头函数的引入带来了更加简洁和易用的函数写法。由于具有固定的 this 指向，不再需要考虑 this 的变化，从而减少了开发中的错误和调试时间。

第 2 章
React 基础入门

本章将带领读者深入了解 React 的基础知识，从 React 和当前框架流行趋势出发，逐步揭示 React 的卓越之处。通过探讨 React 的优势，读者将更好地认识 React 的价值所在。同时，本章将通过具体的实例展示 React 基础案例的应用，帮助读者更好地理解 React 的核心概念。最后，在本章的 JSX 语法详解部分，读者将学习如何编写具有表现力和弹性的 React 组件，为 React 学习打下坚实的基础。让我们一起探索 React 的神奇魅力，开启前端开发的全新视野！

2.1　React 简介

React 是一款用于构建用户界面的 JavaScript 库。作为开发者，你可能已经注意到构建复杂的交互式用户界面是一项具有挑战性的任务。React 的出现正是为了解决这个问题。

React 的核心思想是将用户界面拆分成独立的组件，每个组件都可以独立地进行开发和测试。这种组件化的开发方式使得代码更加模块化和可复用，提高了开发效率。

与其他框架或库不同的是，React 采用了虚拟 DOM 的概念。虚拟 DOM 是一个轻量级的 JavaScript 对象，它是对真实 DOM 的一种抽象表示。通过对虚拟 DOM 进行操作，React 可以高效地更新用户界面，提高性能。

React 另一个重要的特点是采用了单向数据流的架构。这意味着数据在应用程序中始终是单向流动的，从父组件传递给子组件，子组件无法直接修改父组件的数据。这种架构使得应用程序更加可预测和易于维护。

除了以上强大的特点，React 还提供了丰富的生态系统。React 可以与其他库或框架无缝集成，例如 Redux 用于状态管理，React Router 用于路由管理等。

总而言之，React 是一款功能强大且灵活的 JavaScript 库，它改变了用户界面开发的方式。无论对于初学者还是经验丰富的开发者，使用 React 都能高效地构建出色的用户界面。

如果你想提升开发能力并获得更好的用户体验，那么不妨尝试一下 React 吧！

2.1.1 React、Vue、Angular 三大框架流行趋势

React、Vue 和 Angular 这三大前端框架目前正在引领开发潮流，具体介绍如下。

首先，React 是由 Facebook 开发并维护的，它注重构建可重用的 UI 组件。React 采用了虚拟 DOM 的概念，能够实现快速的页面更新，并提供了轻量级的 JavaScript 库。React 的设计理念是"一切都是组件"，这使得开发者能够将整个应用程序拆分成多个独立的、可复用的组件。这种组件化的开发方式使得开发者可以更加轻松地维护和管理代码，同时提供了更好的性能和可扩展性。

其次，Vue 是一种轻量级的框架，由 Vue 团队开发并维护。Vue 的设计理念是简单易学，它提供了一种简洁明了的 API，使得开发者能够快速上手并构建出优雅的界面。Vue 使用了响应式的数据绑定机制，能够自动追踪数据的依赖关系并实时更新页面。此外，Vue 还提供了组件化的开发方式，让开发者能够以逻辑组织代码，并能在不同的组件间进行通信和复用。Vue 的性能也非常出色，它的体积小、加载速度快，是构建高性能应用的理想选择。

最后，Angular 是由 Google 开发并维护的一款强大而灵活的框架。Angular 采用了一系列的工具和技术，能够帮助开发者构建大型、复杂的 Web 应用程序。Angular 提供了一套完整的工具集，包括了模块化、依赖注入、模板语言等。它还具有强大的数据绑定功能，能够实现双向数据绑定和动态更新。Angular 还引入了 TypeScript 语言，为开发者提供更强大的静态类型检查和 IDE 支持。总之，Angular 以其稳定性和可靠性而著称，是构建复杂应用程序的首选框架。

在今天的前端开发领域，React、Vue 和 Angular 都是无可替代的框架。它们各自有着独特的特点和优势，让开发者能够更加高效地构建出现代化的 Web 应用程序。

2.1.2 React 的优势

与 Vue 和 Angular 相比，React 拥有许多独特的优势，使得它成为了许多项目的首选。

首先，React 的组件化能力是其最大的优势之一。React 支持开发者将应用程序划分为多个可重复使用的组件，使得代码更加模块化、可维护。这种组件化的方式极大地提高了开发效率，避免了重复编写相似功能的代码。此外，组件化的架构允许不同开发者同时开发不同的组件，无须担心代码冲突的问题，从而进一步提升团队协作的效率。

其次，React 采用了虚拟 DOM 技术，使得页面的更新更加高效。虚拟 DOM 是 React

的核心思想之一，它在内存中构建一棵映射页面的虚拟 DOM 树，然后将其与真实的 DOM 树进行比对，只更新需要改变的部分，从而避免了大量的页面重绘。这种优化手段极大地提升了 React 应用的性能，使得用户在使用过程中感受到更加流畅的交互。

另外，React 拥有出色的生态。React 社区庞大而活跃，有许多优秀的第三方库和工具，开发者们可以根据自己的需求选择合适的扩展。同时，由于 React 非常流行，许多大型公司和组织都在使用 React 来开发项目，这使得 React 成为了一个被广泛验证和测试的框架。开发者们可以借鉴这些项目的经验和案例，降低开发成本。

此外，React 还具有良好的灵活性和可扩展性。它可以与其他前端技术和工具无缝集成，例如 Webpack、Babel 等。这些工具的结合可以让开发者在 React 项目中使用最新的 JavaScript 特性和模块化开发能力。同时，React 的社区也提供了许多插件和扩展，可以进一步丰富 React 的功能和使用场景。

综上所述，React 作为一种前端开发框架，拥有许多独特的优势。通过组件化、虚拟 DOM、优秀的生态系统以及灵活的可扩展性，React 帮助开发者提高了开发效率，优化了应用性能，并提供了丰富的工具和资源。如果你是一名前端开发者，那么 React 无疑是一个值得尝试的框架。无论是个人项目还是大型企业应用，React 都能成为你的得力助手。相信在 React 的引领下，你将能够以更高效、更优雅的方式构建出各种令人惊叹的 Web 应用。

2.2　Hello React 开启你的 React 之旅

本节将开启 React 之旅，搭建基本的开发环境，掌握 React 的核心概念，实现第一个 React 程序。接下来，我们将通过一个简单的示例程序 Hello React，帮助你了解 React 的基本用法和特点。

Hello React 是我们的第一个 React 程序，它非常简单，却能帮助你快速上手 React 的开发方式。我们的目标是在页面上显示文本"Hello World"，当你单击按钮后，文本将变成"Hello React"。接下来，让我们一步步来实现这个示例。

注意，第一个 React 项目并不是通过脚手架创建，我们循序渐进先在 HTML 页面中引入 React，掌握 React 基本语法。

打开 VS Code，新建 demo 文件夹，新建 index.html 页面，在 index.html 页面实现"Hello React"效果。

使用 React 首先要做的是在页面中添加相关依赖，React 需要依赖 3 个包，可以直接通过 CDN 引入，也可以下载到本地目录，我们采用 CDN 引入，示例代码如下。

```
<script
crossorigin
src="https://unpkg.com/react@18/umd/react.development.js"></script>
<script
Crossorigin
src="https://unpkg.com/react-dom@18/umd/react-dom.development.js"></script>
<script src="https://unpkg.com/babel-standalone@6/babel.min.js"></script>
```

上述三个依赖第一个包 react 包含了 react 所必需的核心代码，react-dom 是 React 渲染在不同平台所需要的核心代码，最后的 babel 是将 JSX 代码转换成浏览器可执行的 JavaScript 代码。开发 React 项目这三个包是不可缺少的！

接下来在页面中渲染 Hello World，示例代码如下。

```
<div id="root"></div>
<script type="text/babel">
    const root = ReactDOM.createRoot(document.querySelector('#root'))
    root.render(<h1>Hello World</h1>)
</script>
```

【代码解析】

React18 要使用 ReactDOM.createRoot()方法创建根，这和 React18 之前的版本存在区别，在 React18 之前直接使用 ReactDOM.render()渲染内容即可。

上述代码通过 root.render()方法向 div 根元素渲染内容，并且直接将 h1 标签渲染到根元素，这种 JavaScript 代码和 HTML 代码混合模式又称作 JSX 语法。

最后需要注意，由于要使用 babel 解析 JSX 代码，所以在 script 标签上必须设置 type 属性。

掌握了 React 基本使用之后，接下来开始查看本节的案例，示例代码如下。

```
<script type="text/babel">
    const root = ReactDOM.createRoot(document.querySelector('#root'))
    let msg = 'Hello World'
    // 按钮单击事件
    function btnClick() {
        // 修改数据
        msg = 'Hello React'
        // 重新渲染界面
        root.render((
            <div>
                <h1>{msg}</h1>
                <button onClick={btnClick}>切换文本</button>
            </div>
```

```
        ))
    }
    root.render((
        <div>
            <h1>{msg}</h1>
            <button onClick={btnClick}>切换文本</button>
        </div>
    ))
  </script>
```

【代码解析】

上述代码中，单击按钮可以将 Hello World 修改成 Hello React，整个案例有以下三个注意事项。

（1）修改的文本要使用变量 msg 接收，在 JSX 代码中使用{msg}渲染。

（2）在 JSX 语法中绑定事件要使用 onClick。

（3）在事件处理函数中修改变量 msg 的值，修改之后必须重新调用 root.render()渲染最新页面。

Hello React 作为 React 的第一个程序，帮助读者从零开始了解 React 的基本用法和特点。通过这个简单的示例，已经体验到了 React 所提供的高效、简洁的开发方式。接下来，我们继续深入学习 React 的更多内容，开发出更加强大的 Web 应用。期待你在 React 的世界中取得更加辉煌的成就！

2.3　React 组件化开发

本节正式开始学习 React 组件化开发，这一特性是 React 框架的重要优点。在传统的前端开发中，我们通常将页面的不同部分拆分成各个模块进行开发，但是这种方式难以维护和重用代码。而 React 的组件化开发思想则提供了一种更加灵活和高效的开发方式。

接下来，我们将上一节 Hello React 代码使用组件模式进行重构，示例代码如下。

```
<script type="text/babel">
    // 定义 App 组件
    class App extends React.Component {
        // 数据
        constructor(){
            super()
            this.state={
```

```
                msg:'Hello World'
            }
        }
        // 方法
        btnClick(){
            this.setState({
                msg:'Hello React'
            })

        }
        // 渲染内容
        render(){
            return (
                <div>
                    <h1>{this.state.msg}</h1>
                    <button onClick={this.btnClick.bind(this)}>切换文本
</button>
                </div>
            )
        }
    }
    const root = ReactDOM.createRoot(document.querySelector('#root'))
    root.render(<App />)
</script>
```

【代码解析】

在 React 组件化开发中，最常见的方式是使用 class 类定义组件。在上述代码中，我们通过 class 关键字定义了一个名为 App 的组件。与普通类不同的是，定义组件时需要继承 React.Component。

App 组件由三部分组成：数据、方法以及要渲染的内容。App 组件继承了 React.Component，所以私有数据必须定义在 constructor 构造器中。在上述代码中，我们将 msg 数据定义在 this.state 对象中。

当单击按钮时，会调用 btnClick 事件处理函数。在 2.2 节中，事件处理函数做了两件事情：修改数据和重新渲染页面。然而，在组件化开发中，可以直接使用 this.setState()方法实现这些功能。

需要注意的是，由于 JSX 代码需要通过 babel 转换，转换后的代码处于严格模式（strict）中。在严格模式下，this 指向的是 undefined，因此不能直接调用 this.setState()方法。解决这个问题的方法之一是通过 bind()方法在按钮单击时绑定 this，将它指向当前组件。

App 组件开发完成，通过 root.render()方法直接传入组件即可。

上述代码中的难点在于事件处理函数中的 this 绑定问题。this 绑定的第二种方法是在
constructor 构造器中提前绑定，示例代码如下。

```
<script type="text/babel">
    // 定义 App 组件
    class App extends React.Component {
        // 数据
        constructor(){
            super()
            this.state={
                msg:'Hello World'
            }
            this.btnClick=this.btnClick.bind(this)
        }
        //...
        // 渲染内容
        render(){
        return (
            <div>
                <h1>{this.state.msg}</h1>
                <button onClick={this.btnClick}>切换文本</button>
            </div>
            )
        }
    }
</script>
```

总结一下，React 组件化开发是一个重要的优点，使得前端开发更加灵活和高效。通
过将页面拆分成各个组件，我们可以更好地组织和管理代码，提高代码的可维护性和可复
用性。

在本节中，我们学习了 React 组件的基本概念和使用方法，了解了什么是组件，以及
如何创建和渲染组件。希望本节的内容能够帮助你更好地理解和应用 React 组件化开发的
思想！

2.4　渲染书籍列表案例

本节将通过渲染书籍列表的案例加深对 React 组件化的理解。我们首先把书籍名称存
储在一个数组中，并详细解释如何在 React 的 JSX 语法中渲染这个数组列表。通过这个案

例，你将更好地掌握 React 组件化的概念，并学会在 React 中使用数组渲染列表。

渲染书籍列表的示例代码如下。

```
<script type="text/babel">
    // 定义 App 组件
    class App extends React.Component {
        // 数据
        constructor(){
            super()
            this.state={
                books:['西游记','三国演义','水浒传','红楼梦']
            }
        }
        // 渲染内容
        render(){
            // 循环遍历数组，将每个元素使用 li 包裹
            const lis=this.state.books.map(item=>{
                return <li>{item}</li>
            })
            // 渲染数据
            return (
                <ul>
                    {lis}
                </ul>
            )
        }
    }
    const root = ReactDOM.createRoot(document.querySelector('#root'))
    root.render(<App />)
</script>
```

上面的代码展示了如何将书籍列表封装成一个 React 组件，并在 React 的 state 对象中定义数组。但与其他框架的循环指令不同，React 并没有提供类似 v-for 的语法糖，我们可以通过遍历数组来实现相同的效果，不需要依赖框架提供的循环指令。

值得注意的是，通过使用 map()方法，我们可以高效地循环遍历数据，并为数组中的每一项动态地添加 li 标签。这种动态渲染的方式使我们能够灵活地更新和展示书籍列表，而不需要手动操作 DOM 元素。

当然，这只是 React 所能实现的众多功能之一。通过 React，我们可以轻松构建复杂而富有交互性的用户界面，而不必担心底层的 DOM 操作。React 的声明式编程范式以及组件化设计思想使得开发者可以更加专注于业务逻辑，提高开发效率。

2.5　计数器案例

本节将实现一个 React 计数器，通过使用 React 的组件化开发技术实现加一和减一操作。

创建一个名为 Counter 的组件。Counter 组件的初始值为 0，它显示当前的计数值，并提供两个按钮，一个用于增加计数值，另一个用于减少计数值。

现在开始编写代码。首先，创建一个名为 Counter 的组件，并在其中渲染两个按钮。示例代码如下。

```javascript
<script type="text/babel">
    // 定义 Counter 组件
    class Counter extends React.Component {
        // 数据
        constructor() {
            super()
            this.state = {
                num: 0
            }
        }
        handleIncrement = () => {
            this.setState({
                num: this.state.num + 1
            })
        }
        handleDecrement = () => {
            this.setState({
                num: this.state.num - 1
            })
        }
        // 渲染内容
        render() {
            const { num } = this.state
            // 渲染数据
            return (
                <div>
                    <h1>当前计数：{num}</h1>
                    <button onClick={this.handleIncrement.bind(this)}>增
加</button>
```

```
                    <button onClick={this.handleDecrement.bind(this)}>减
少</button>
             </div>
          )
       }
    }
    const root = ReactDOM.createRoot(document.querySelector('#root'))
    root.render(<Counter />)
  </script>
```

在上面的代码中，我们定义了 Counter 组件，并在其中处理了增加和减少计数的操作。Counter 组件的状态初始值为 0，当单击增加或减少按钮时，状态会相应地更新，并重新渲染页面。

在上述案例中，重点在于当单击增加或减少按钮时，会出现关于 this 绑定的问题。为了解决该问题，我们可以使用 bind()方法确保在事件处理函数中 this 指向当前组件。

这个简单的 React 计数器案例展示了 React 组件化开发的优势和灵活性，希望你能从中有所收获，并能够在实际项目中运用 React 组件化开发的技术。

2.6　JSX 语法详解

在前面的章节中，我们尝试了 React 开发，并且简单地使用了 JSX 语法。接下来将更详细地讲解 React 的 JSX 语法，包括基本使用、嵌入表达式、绑定属性、动态设置 class属性等。

2.6.1　JSX 基本使用

JSX 语法是在 React 应用程序中使用的 JavaScript 语法扩展，它支持在 JavaScript 代码中编写类似 HTML 的结构，以创建可复用的组件。通过使用 JSX，开发者可以更方便地构建用户界面，提高代码的可读性和可维护性。

JSX 语法基本上是将 HTML 标记混合到 JavaScript 代码中。在 JSX 中，我们可以使用类似 HTML 的标签和属性，创建元素并描述它们的外观和行为。这种标记结构非常直观和易于理解，使得开发者更容易将设计概念转化为实际的用户界面。

接下来用一个简单的实例说明 JSX 语法的基本使用。假设我们正在开发一个电子商务平台，需要显示产品的价格和库存信息。使用 JSX，可以轻松地创建一个商品卡片组件，且代码结构更易读。

首先，定义一个名为 ProductCard 的组件。使用 JSX 语法描述商品卡片的结构和外观，包括图片、标题、价格和库存信息。示例代码如下。

```javascript
// 定义 ProductCard 组件
class ProductCard extends React.Component {
    // 数据
    constructor() {
        super()
        this.state = {
            image: '/images/logo.jpg',
            title:"笔记本电脑",
            price:'￥2999',
            stock:10
        }
    }
    // 渲染内容
    render() {
        const { image ,title,price,stock} = this.state
        // 渲染数据
        return (
          <div>
              <img src={image} alt={title} />
              <h3>{title}</h3>
              <p>价格：{price}</p>
              <p>库存：{stock}</p>
          </div>
        )
    }
}
const root = ReactDOM.createRoot(document.querySelector('#root'))
root.render(<ProductCard />)
```

在这个例子中，我们使用了 HTML 标签（如<div>、<h3>、<p>）定义元素的结构，使用大括号（{}）插入 JavaScript 表达式。通过这种方式，可以动态地渲染商品卡片的信息，保持界面的实时性。

接下来，详细介绍一下大括号（{}）中可以渲染的内容。总体而言，可以将其分为三种情况。

首先，如果变量是 Number、String 或 Array 类型，那么可以直接进行渲染操作。这意味着可以在大括号中插入这些变量，并将它们正确地显示出来。

其次，如果变量是 null、undefined 或 Boolean 类型，则在渲染时，大括号中的内容将为空。这意味着无法显示这些变量的值，但仍然可以在其他逻辑中使用它们。

最后，如果变量是 Object 对象类型，则无法在大括号中进行渲染，但是可以渲染对象中的属性。

总结一下，JSX 语法是一种强大而直观的工具，使开发人员能够更轻松地构建 React 应用程序的用户界面。它将 HTML 标记和 JavaScript 代码结合在一起，提供了更明确、更易读的开发体验。无论是创建简单的组件还是构建复杂的用户界面，JSX 都可以帮助我们以更高效和更可维护的方式完成任务。

2.6.2　JSX 中嵌入表达式

在 2.6.1 节中，我们学习了 JSX 语法的基本使用。然而，JSX 的强大之处不仅仅局限于简单的变量插入。本节将深入探索 JSX 的更多高级特性，包括插入不同类型的表达式、字符串拼接、三元表达式和执行函数等。

1．插入表达式

在 JSX 中，我们可以插入各种表达式实现动态内容的展示。例如，可以使用{10+20}表达式计算并显示结果，或者通过字符串拼接的方式将多个变量组合成一个字符串进行渲染。

1）数学运算

```jsx
const jsxElement = <div>{10+20}</div>;
```

这段代码会将 10+20 的结果（30）插入到<div>元素中。

2）字符串拼接

```jsx
const name = "Tom";
const jsxElement = <div>欢迎，{name}！您的账户余额是：{500}元</div>;
```

变量 name 和固定字符串将会被拼接起来，并插入到<div>元素中。

3）三元表达式

```jsx
const age = 18;
```

```
const jsxElement = <div>您的年龄：{age >= 18 ? "成年" : "未成年"}</div>;
```

根据条件判断，将不同的字符串插入到<div>元素中。

2．执行一个函数

除了插入变量和表达式，我们还可以在 JSX 中执行函数。示例代码如下。

```jsx
function greet(name) {
  return <div>欢迎，{name}! </div>;
}

const username = "张三";
const jsxElement = greet(username);
```

通过调用 greet()函数，将返回的 JSX 元素插入到页面中。

通过本节的学习可以看到，JSX 不仅仅是一种方便编写 HTML 的语法糖，还提供了丰富的特性来更好地构建动态和可交互的用户界面。掌握这些高级技巧，将使开发更加灵活和高效。

2.6.3　JSX 绑定属性

在 React 中，我们经常需要给元素绑定属性，以实现不同的功能和样式。例如，可以给 div 元素添加 title 属性、class 属性，给 img 元素添加 src 属性，给 a 标签添加 href 属性，等等。设置这些属性将为产品带来更多的便利和更好的用户体验。

下面是一个实际的案例，展示如何通过 JSX 设置元素的 class 属性，示例代码如下。

```jsx
class MyComponent extends React.Component {
  render() {
    return (
      <div className="container">
        <h1>Hello, world!</h1>
        <p>Welcome to my website.</p>
        <button className="btn">按钮</button>
      </div>
    );
  }
}
```

在这个例子中，我们为 div 元素绑定了一个 class 属性，值为"container"。使用 className 而不是 class，是因为 class 是 JavaScript 关键字。

除了绑定常见的 HTML 属性，我们还可以使用行内样式属性为元素添加样式。通过 JSX 绑定行内 style 属性，可以通过 JavaScript 对象的方式动态设置元素的样式。

以下是一个示例代码，展示如何通过 JSX 绑定行内 style 属性设置元素的背景颜色为红色。

```jsx
class MyComponent extends React.Component {
  render() {
    const style = {
      backgroundColor: 'red',
    };
    return (
      <div style={style}>
        <h1>Hello, world!</h1>
        <p>Welcome to my website.</p>
      </div>
    );
  }
}
```

在这个示例中，我们使用了名为 style 的变量保存 JavaScript 对象，其背景颜色为红色。通过将这个变量作为行内 style 属性的值进行绑定，最后成功地将元素的背景颜色设置为红色。通过这种方式绑定行内样式属性，可以自由地进行样式的设置。

接下来，我们给 img 元素绑定 src 属性。在 React 中，可以使用 JSX 绑定属性动态设置图片的路径。同样地，只需使用大括号将属性值包裹起来即可。例如，要给 img 元素绑定 src 属性，并且将属性值设置为一个变量 imageUrl，示例代码如下。

```jsx
<img src={imageUrl} />
```

需要注意的是，属性值可以是任何合法的 JavaScript 表达式，例如函数调用、变量等。这样就可以根据实际情况来动态设置属性值，实现更加灵活的组件渲染。例如，可以通过调用函数来获取图片路径，然后将函数返回的结果作为属性值传递给 img 元素，示例代码如下。

```jsx
```

```
<img src={getImageUrl()} />
```

最后，来看给 a 标签绑定 href 属性的案例。在 React 中，给 a 标签绑定 href 属性的方式与给其他元素绑定属性的方式是相同的，同样可以使用 JSX 绑定属性设置属性值。例如，要给 a 标签绑定 href 属性，并且让属性值为"https://www.baidu.com"，示例代码如下。

```jsx
<a href={"https://www.baidu.com"}>单击这里</a>
```

通过这些案例，我们可以清楚地了解 JSX 绑定属性的使用方法。无论是给 div 元素绑定 title 属性，给 img 元素绑定 src 属性，还是给 a 标签绑定 href 属性，我们都可以使用相同的方式实现。使用 JSX 绑定属性能够更加灵活地组织组件的结构，实现更加丰富的交互和视觉效果。

希望通过本节内容的学习，你已经掌握了 JSX 绑定属性的使用方法，并且能够在实际项目中灵活运用！

2.6.4　动态设置 class 属性

在 2.6.3 节中，我们学习了如何使用 className 属性为元素设置类样式。这是一种非常常用的方法，可以轻松修改元素的外观。本节将通过实际案例演示如何使用 React 动态添加类。

来看一个简单的案例，假设有一个 H1 标签和一个按钮，当用户单击按钮时为 H1 标签动态增加 content 类，从而改变元素样式，示例代码如下。

```
<script type="text/babel">
  // 定义 ProductCard 组件
  class App extends React.Component {
    // 数据
    constructor() {
      super()
      this.state = {
        isActive: false
      }
    }
    btnClick() {
      this.setState({
        isActive: !this.state.isActive
```

```jsx
                })
            }
            // 渲染内容
            render() {
                const { isActive } = this.state
                // 渲染数据
                return (
                    <div>
                        <h1 className={isActive ? 'content' : ''}>Hello React</h1>
                        <button onClick={this.btnClick.bind(this)}>切换</button>
                    </div>
                )
            }
        }
        const root = ReactDOM.createRoot(document.querySelector('#root'))
        root.render(<App />)
</script>
```

上述案例实现了单击按钮动态为 h1 元素添加和删除类，通过 isActive 属性控制类的删除和添加。

通过这个案例，可以了解如何使用 React 实现动态添加类的效果，从而根据不同的情况改变元素的样式。

动态添加样式的第二种方式是将类样式统一放在数组中管理，示例代码如下。

```jsx
    class App extends React.Component {
        // 数据
        constructor() {
            super()
            this.state = {
                isActive: false
            }
        }
        btnClick() {
            this.setState({
                isActive: !this.state.isActive
            })
        }
        // 渲染内容
        render() {
            const { isActive } = this.state
            const classList=['main']
```

```
            if(isActive) classList.push('content')
            // 渲染数据
            return (
              <div>
                <h1 className={classList.join(' ')}>Hello React</h1>
                <button onClick={this.btnClick.bind(this)}>切换</button>
              </div>
            )
        }
    }
```

上述案例将类样式统一放在名为 classList 的数组中。在这个数组中，通过判断 isActive 变量的值是否为 true，动态向数组中追加 content 类。需要提醒的是，在使用 JSX 代码渲染数组时，默认会使用逗号进行拼接。但是，我们可以使用 join()方法将其设置为空格拼接。

2.7　绑定 this 的三种方法

在 React 中进行事件绑定时，常常使用 onClick 绑定事件处理函数。然而，在事件处理函数中，默认情况下，this 指向的是 undefined。这是由于 babel 将 JavaScript 代码转换为严格模式所导致的。为了解决这个问题，可以将事件处理函数中的 this 重新指向当前组件实例。本节将介绍三种绑定 this 的方法。

1. 通过 bind()方法绑定 this

下面来看一个通过 bind()方法绑定 this 的案例。假设我们有一个按钮组件 Button，当单击按钮时，显示按钮的文本。我们可以使用 bind()方法绑定事件处理函数，确保在处理函数中的 this 指向 Button 组件实例。

```javascript
class Button extends React.Component {
  constructor() {
    super();
    this.state = {
      buttonText: 'Click me'
    };
    this.handleClick = this.handleClick.bind(this);
  }
```

```
handleClick() {
  this.setState({ buttonText: 'Button clicked' });
}

render() {
  return (
    <button onClick={this.handleClick}>{this.state.buttonText}</button>
  );
}
}
```

【代码解析】

在上面的示例中，我们在 Button 组件的构造函数中使用了 bind()方法，将 handleClick()函数的 this 绑定到 Button 组件实例。这样，在 handleClick()函数中，this 就可以正确引用 Button 组件实例，并能够通过 setState()方法更新组件状态，从而改变按钮的文本。

通过使用 bind()方法，可以很方便地解决 React 事件绑定中 this 指向 undefined 的问题，确保在事件处理函数中能够正确访问当前组件实例。这种方式不仅简单易懂，而且在实际开发中也非常常用。

总结一下，在 React 事件绑定中使用 bind()方法是一个实用的技巧，可以确保事件处理函数中的 this 正确指向当前组件实例。通过这种方式，可以轻松处理事件，并拥有更多的控制权更新组件状态。

2. ES6 class fields

接下来，我们通过 class fields 重构上述案例，示例代码如下。

```javascript
class Button extends React.Component {
  constructor() {
    super();
    this.state = {
      buttonText: 'Click me'
    };
  }

  handleClick = () => {
    this.setState({ buttonText: 'Button clicked' });
  }
```

```
render() {
  return (
    <button onClick={this.handleClick}>{this.state.buttonText}</button>
  );
  }
}
```

【代码解析】

在以上代码中，将 handleClick 事件处理函数定义为箭头函数。箭头函数本身不绑定 this，而是指向上层作用域中的 this。在当前代码的上层作用域中，this 指向当前组件实例。通过使用箭头函数作为事件处理函数，可以确保在执行过程中 this 始终指向正确的组件实例，从而避免由于作用域问题而导致的错误。这种写法简洁明了，同时也提高了代码的可读性和可维护性。

3. 传入箭头函数

绑定 this 的第三种方法是直接传入箭头函数，在箭头函数中调用事件处理函数，示例代码如下。

```javascript
class Button extends React.Component {
  constructor() {
    super();
    this.state = {
      buttonText: 'Click me'
    };
  }

  handleClick() {
    this.setState({ buttonText: 'Button clicked' });
  }

  render() {
    return (
      <button onClick={() => this.handleClick()}>
{this.state.buttonText}
</button>
    );
  }
}
```

【代码解析】

在上述代码中，我们使用了箭头函数，并将它直接传递给 onClick()方法。在箭头函数中，通过 this 调用 handleClick()事件处理函数。这是因为箭头函数的 this 指向的是当前组件实例，所以事件处理函数中的 this 也指向同样的组件实例。

2.8　事件参数传递

在 React 开发中，事件处理函数的参数传递是不可或缺的一部分。参数传递可以分为两种类型：第一种是传递事件参数 event，第二种是传递普通参数。举个例子，我们可以通过单击按钮传递姓名和年龄。下面展示通过单击按钮直接传递箭头函数，以此演示参数传递的具体实现。示例代码如下。

```jsx
class Button extends React.Component {
  handleClick(name, age) {
    console.log(`姓名：${name}，年龄：${age}`);
  }
  render() {
    return (
      <button onClick={() => this.handleClick('张三', 18)}>单击按钮</button>
    );
  }
}
```

在上述示例中，定义了名为 Button 的 React 组件。该组件内部包含一个 handleClick()函数，用于处理按钮单击事件。handleClick()函数接收两个参数：姓名和年龄。使用 ES6 的字符串模板语法，我们打印出了接收到的参数。

在组件的 render()函数中，我们将一个按钮添加到界面上。使用了 onClick 事件，它会调用箭头函数，这个箭头函数直接调用了 handleClick()函数，并传入了参数'张三'和 18。这样，当按钮被单击时，handleClick()函数就会被执行，并打印出传递的参数。

通过这个示例，我们可以看到如何在 React 中实现参数传递。通过单击按钮，我们成功传递了姓名和年龄这两个普通参数给 handleClick()函数。这个示例展示了 React 事件处理函数参数传递的简洁和方便。

接下来，演示如何接收事件参数 event，示例代码如下。

```jsx
class Button extends React.Component {
  handleClick(event, name, age) {
    console.log(event)
    console.log(`姓名：${name}，年龄：${age}`);
  }
  render() {
    return (
      <button onClick={(event) => this.handleClick(event, '张三', 18)}>单
击按钮</button>
    );
  }
}
```

在上述代码中，我们直接将箭头函数中的 event 传递给了事件处理函数。

React 事件处理函数参数传递是 React 开发中非常重要的一部分。我们可以通过单击事件实现参数传递，不论是传递事件参数还是普通参数，都能轻松完成。

相信通过学习和实践，你已经掌握了 React 中事件处理函数参数传递的基本知识。在实际开发中，你可以根据需要灵活运用这种技巧，使程序更加高效和便捷。

2.9　菜单排他

本节将实现一个常见的案例，即菜单排他。该功能使得默认情况下第一个菜单被选中，并且当用户单击任一菜单项时，只有该菜单项会以红色高亮显示。这种排他性的菜单功能在许多网站和应用程序中都非常常见。

为了实现这个功能，使用 React 组件，并在其中定义了一个菜单组件。该菜单组件将数据存储在 this.state 中，数据包括"首页""关于我们"和"新闻中心"这三个选项。同时，还定义一个 currentIndex 变量来记录当前选中的菜单项。

在菜单组件中，使用 li 标签渲染数组中的数据。利用 React 的响应式更新特性，将数据动态渲染到菜单中。

接下来，通过一段示例代码来了解实现过程。

```javascript
class Menu extends React.Component {
  constructor(props) {
    super(props);
```

```
    this.state = {
      items: ['首页', '关于我们', '新闻中心'],
      currentIndex: 0
    };
  }
  handleClick(index) {
    this.setState({ currentIndex: index });
  }
  render() {
    const { items, currentIndex } = this.state;
    return (
      <ul>
        {items.map((item, index) => (
          <li
            key={index}
            onClick={() => this.handleClick(index)}
            style={{ color: currentIndex === index ? 'red' : 'black' }}
          >
            {item}
          </li>
        ))}
      </ul>
    );
  }
}
```

通过上述代码，我们可以轻松实现一个功能强大的菜单组件。这个组件不仅实现了菜单排他功能，还能够根据用户的单击动态地高亮显示选中项。

排他功能在许多网站和应用程序中都非常有用。例如，在在线商城中，通过使用这个菜单组件，用户可以方便地导航到首页、关于我们和新闻中心等重要页面。每当用户单击一个菜单项时，只有该项会以红色高亮显示，从而提醒用户当前所处的位置。

2.10　React 条件渲染

本节将深入探讨 React 中的条件渲染。与 Vue 框架中使用的 v-if 和 v-else 指令不同，React 是通过直接使用原生 JavaScript 实现条件渲染的。

假设我们定义了一个名为 App 的类组件，并在其 state 中定义一个名为 isLogin 的状态变量。根据 isLogin 的值选择渲染不同的标签。

```jsx
class App extends React.Component {
  constructor() {
    super();
    this.state = {
      isLogin: true
    };
  }
  render() {
    return (
      <div>
        {this.state.isLogin ? <h1>Welcome!</h1> : <h2>Please login</h2>}
      </div>
    );
  }
}
```

在以上代码中，我们通过使用三元运算符判定要渲染的标签。如果 isLogin 为 true，则渲染一个<h1>标签，否则渲染一个<h2>标签。这种方式非常简洁直观，可根据条件动态地呈现不同的内容。

除了使用三元运算符，我们还可以使用逻辑与运算符（&&）实现条件渲染。我们继续对上述代码做一些修改。

```jsx
class App extends React.Component {
  constructor(props) {
    super(props);
    this.state = {
      isLogin: true
    };
  }
  render() {
    return (
      <div>
        {this.state.isLogin && <h1>Welcome!</h1>}
        {!this.state.isLogin && <h2>Please login</h2>}
      </div>
    );
  }
```

```
}
```
```

**【代码解析】**

通过使用逻辑与运算符，我们可以更加简洁地实现条件渲染。在上述代码中，如果 isLogin 为 true，则渲染<h1>标签；如果 isLogin 为 false，则渲染<h2>标签。

通过掌握条件渲染技巧，我们可以根据具体业务需求灵活展示不同的内容。这种灵活性使得 React 成为了构建动态页面的理想选择。

# 2.11　React 列表渲染

在 React 中，没有类似 Vue 的 v-for 语法，但是可以通过原生 JavaScript 组织代码数据，并将其转换为 JSX（JavaScript XML）格式。在 React 中展示数据最常见方式是使用数组的 map()方法。

本节将详细讲解 React 列表渲染的方法，帮助你在 React 项目中更好地展示和管理数据。我们以一个简单的案例为例，演示如何使用 map()方法动态渲染列表。

首先，在 React 应用中，新建一个名为 App 的组件。在组件中，定义一个复杂的数组，该数组包含多本书的信息。示例代码如下。

```javascript
class App extends React.Component {
  constructor(props) {
    super(props);
    this.state = {
      books: [
        { id: 1, name: '三国演义' },
        { id: 2, name: '水浒传' },
        { id: 3, name: '红楼梦' },
        { id: 4, name: '西游记' }
      ]
    };
  }

  render() {
    return (
      <div>
        <h1>书籍列表</h1>
```
```

```
      <ul>
       {this.state.books.map(book => (
        <li key={book.id}>{book.name}</li>
       ))}
      </ul>
     </div>
    );
   }
}
```

【代码解析】

在上述代码中，我们在 App 组件的 state 中定义了一个 books 数组，该数组包含了几本书的 id 和 name 信息。

接下来，使用 map()方法将这些书籍动态渲染到一个无序列表中。map()方法会遍历 books 数组中的每个元素，并返回一个新的元素数组。

对于每个 book 对象，我们使用箭头函数将其渲染成一个 li 元素，通过给每个 li 元素添加一个 key 属性，唯一标识每个元素。同时，展示了每本书的名称。

最后，将整个列表包装在一个 div 元素中，并添加了一个标题"书籍列表"。

在 React 应用中，可以根据需要调用 App 组件，从而在界面上展示书籍列表。每当 books 数组中的数据发生变化时，界面上的书籍列表也会自动更新。

通过使用 map()方法，React 列表渲染变得非常简单和灵活。无须手动编写大量的重复代码，只需简洁地定义数组和相应的渲染逻辑，即可自动完成列表的渲染工作。

注意，高阶函数可以链式调用。例如，可以先过滤出 id 小于 3 的书籍，然后再渲染列表，示例代码如下。

```javascript
class App extends React.Component {
  constructor(props) {
    super(props);
    this.state = {
      books: [
        { id: 1, name: '三国演义' },
        { id: 2, name: '水浒传' },
        { id: 3, name: '红楼梦' },
        { id: 4, name: '西游记' }
      ]
    };
  }
```

```
render() {
  return (
    <div>
      <h1>书籍列表</h1>
      <ul>
        {this.state.books.filter(book=>book.id<3).map(book => (
          <li key={book.id}>{book.name}</li>
        ))}
      </ul>
    </div>
  );
}
}
```

上述代码先通过 filter()函数过滤出 id 小于 3 的书籍列表，再通过 map()函数渲染书籍列表。

最后强调一下，在列表渲染的过程中必须绑定 key 属性。

在 React 中，当对列表进行新增、删除或重新排序列表项等操作时，React 需要找到一种方式以确定是否修改了列表中的某个特定元素。而通过使用 key，React 能够快速比较新旧列表，并且只重新渲染发生变化的元素，而不是整个列表。这一特性不仅可以提高性能，还能确保组件状态的正确保持。

接下来，我们探讨 key 的作用，key 在 React 中充当了两个角色。

（1）帮助 React 识别列表项的唯一性。每个 key 都必须是唯一的，这样 React 才能准确地判断列表中的每个元素。如果两个列表项具有相同的 key，React 将无法识别它们之间的差异，并且可能会引发错误。所以，在使用 key 时，务必要保证每个列表项都有唯一的 key。

（2）提高 React 元素重渲染的效率。当列表中的某个元素被添加、删除或重新排序时，React 需要识别出这些变化，并执行相应的 DOM 操作。通过使用 key，React 可以将新旧列表进行比较，并只更新发生变化的元素，而不是整个列表。这样可以大大提高应用的性能和用户体验。

在实际使用中，最佳的 key 使用方式是将一个唯一的标识符绑定到每个列表项上。通常情况下，可以使用列表项的 ID、索引值或其他具有唯一性的属性作为 key。需要注意的是，不建议使用随机数或时间戳作为 key，因为它们可能在渲染过程中发生变化，这将导致不必要的重渲染。

总结一下，key 在 React 中扮演着识别和比较列表项的重要角色，它能够提高渲染性能，并确保列表操作的正确性。因此，在进行列表渲染时，始终要为每个列表项分配一个唯一的 key。

第 3 章
React 脚手架应用

本章将带领读者深入了解 React.js 的脚手架应用。首先，我们将学习如何使用 create-react-app 脚手架快速搭建 React 项目，省去了烦琐的配置步骤，让你可以更专注于代码编写和项目开发。接下来，我们会深入探讨 React 脚手架项目的目录结构及各个文件的作用，帮助你建立清晰的项目结构和管理体系，使开发过程更加高效流畅。最后，我们将通过实际操作，指导你如何在 React 脚手架中渲染出第一个 Hello React 页面，让你亲身体验 React.js 的魅力和强大功能。无论你是初学者还是有一定经验的开发者，本章都将为你打开 React 脚手架应用的大门，让你轻松进入 React.js 的世界。

3.1 安装 create-react-app 脚手架

在真实的 React 开发中，开发者不可能直接在 HTML 页面中开发，而是要基于 webpack 脚手架进行开发。本章将创建一个完整的 React 项目——一个工程化、可打包的项目，而不是在 HTML 页面中编写代码。

创建 React 应用的过程可能会令人感到复杂和烦琐，特别是对于初学者而言。然而，create-react-app 的出现解决了这个问题，这是一个由 React 团队维护的官方脚手架工具，可以在几分钟内设置好 React 项目的开发环境，省去了一系列烦琐的配置步骤。

使用 create-react-app 脚手架创建新项目非常简单。首先，我们需要在计算机上安装 Node.js 环境，因为 create-react-app 依赖于 Node.js。然后，打开终端或命令提示符窗口，运行以下命令全局安装 create-react-app。

```
npm install -g create-react-app
```

安装完成后，我们就可以使用 create-react-app 创建新的 React 项目。只需在终端或命令提示符窗口中导航到选择的目录，并使用以下命令。

```
create-react-app my-app
```

上述命令将创建一个名为 my-app 的新项目，并在选择的目录中生成所有必要的文件和文件夹。接下来，进入新创建的项目目录。

```
cd my-app
```

现在，运行以下命令启动 React 应用。

```
npm start
```

这将启动开发服务器，并在默认浏览器中打开一个新的选项卡，展示应用。

create-react-app 脚手架提供了一个现代化的 React 开发工作流，集成了许多流行的工具和库，包括 Babel、Webpack 和 ESLint 等，使开发者能够立即开始编写代码而无须担心项目配置。

除了提供开发环境，create-react-app 还提供了许多有用的命令和配置选项，以进一步定制和优化项目。例如，我们可以使用 npm run build 命令构建生产版本的应用程序，生成用于部署的优化文件。我们还可以使用 npm run test 命令运行测试套件，确保程序的质量和稳定性。

总之，create-react-app 脚手架是快速开始 React 项目的最佳选择之一。它极大地简化了配置和环境设置的过程，让开发者专注于编写高质量的 React 代码。无论是对于初学者还是有经验的开发者，使用 create-react-app 都能显著加快 React 项目开发进度。

3.2　React 脚手架项目目录结构及作用

在使用 React 脚手架进行开发时，脚手架会快速配置好开发环境，并且默认生成一套开发目录。本节将重点讲解 React 脚手架生成的目录结构以及各个目录的作用，让你对整个项目有一个清晰的了解。

node_modules 目录用于存放项目所依赖的 npm 包。在使用 React 脚手架进行项目开发时，通常会引入各种第三方库提高开发效率和实现功能。这些库都会通过 npm 安装的方式存放在 node_modules 目录下，以便在项目中引用和使用。

public 目录主要用于存放静态资源文件，例如 HTML 模板文件、图片、字体等。在 React 项目中，我们需要将静态资源文件放置在 public 目录下，以便在开发和打包过程中进行引用和处理。

src 目录是整个 React 项目开发的核心目录，包含项目的所有源代码文件。业务逻辑、组件、样式等都会在这个目录下进行编写和组织。在 src 目录中，通常会存在一些核心文件，例如入口文件 index.js 和根组件文件 App.js。入口文件 index.js 是整个 React 应用的入口，它会将根组件 App.js 渲染到 HTML 模板中，使整个应用能够正常运行。除此之外，我们还可以在 src 目录下创建更多的组件和模块文件，以实现不同的功能和业务需求。

此外，还有两个重要的文件 package-lock.json 和 package.json。package-lock.json 是一个自动生成的文件，用于锁定项目的依赖版本。它会记录项目依赖的详细信息，包括依赖库的版本号、依赖关系等。而 package.json 文件则是项目的配置文件，包含项目的基本信息、开发依赖、生产依赖等。通常，可以通过编辑 package.json 文件来管理项目的依赖和配置。

综上所述，React 脚手架生成的目录结构提供了一个良好的开发基础。准确理解这些目录及文件的作用，对于开发 React 项目将是非常重要的。希望通过本节内容，你能够对 React 脚手架生成的目录结构有更加深入的认识，并且能够在项目开发中更加得心应手。

3.3　React 脚手架渲染 Hello React

为了更好地理解 React 脚手架项目的运行机制，我们从零开始编写代码，先清空 src 目录并删除默认生成的代码。

首先，新建一个入口文件 index.js，并在该文件中编写 React 代码，用于渲染相应的内容。示例代码如下。

```javascript
import React from 'react';
import ReactDOM from 'react-dom';
class App extends React.Component {
  constructor() {
    super();
    this.state = {
```

```
    msg: 'Hello React'
  };
}
render() {
  const { msg } = this.state;
  return (
    <div>
      <h1>{msg}</h1>
    </div>
  );
}
}
ReactDOM.render(
  <App />,
  document.getElementById('root')
);
```

【代码解析】

在上述代码中，我们首先引入了 React 和 ReactDOM 库。然后，新建了一个名为 App 的类组件。这个组件包含一个构造函数，其中内部定义了一个初始状态 msg，初始值为 'Hello React'。

接下来，在 render()方法中展示状态。通过解构赋值获取 msg 的值，并在<h1>标签中显示出来。

最后，使用 ReactDOM.render()将 App 组件渲染到根节点中。这样，我们就完成了基于 React 脚手架的 Hello React 渲染过程。

在实际开发过程中，我们不会将所有组件的定义都放在 index.js 入口文件中。相反，而是对组件进行抽离。接下来，我们可以在 src 目录下新建一个名为 App.jsx 的入口组件，并将 index.js 中的 App 组件剪切到这个文件中。

最终的 index.js 文件示例代码如下。

```
import ReactDOM from 'react-dom/client';
import App from './App.jsx';
const root = ReactDOM.createRoot(document.getElementById('root'));
root.render(
  <App />
);
```

3.4　React 函数式组件的定义及使用

在 React 中，有两种常用的创建组件的方式。第一种是类组件，第二种是函数式组件。本节将重点讲解函数式组件的定义及使用。

函数式组件使用 function 进行定义，函数返回的内容和类组件中 render() 函数返回的内容相同。

接下来，我们将通过代码演示函数组件的创建。在 src 目录下新建一个 App_fn.jsx 文件，示例代码如下。

```
function App_fn() {
  return (
    <div>
      <h1>Hello, World!</h1>
      <p>This is a functional component.</p>
    </div>
  );
}
export default App_fn;
```

在上述示例代码中，我们定义了一个名为 App_fn 的函数式组件。在函数体内部，我们返回了一个 div 元素，它包含一个 <h1> 标签和一个 <p> 标签。这就是函数组件的基本结构。

函数式组件可以返回各种类型的内容，包括 React 元素、数组、字符串、数字、布尔值等。这使得函数式组件非常灵活，可以用于各种不同的场景。

函数式组件具有如下特点。

（1）没有生命周期：与类组件不同，函数式组件没有生命周期方法，也就是说它不具备在组件生命周期的各个阶段进行操作的能力。

（2）this 关键字不能指向组件实例：在函数式组件中，与类组件的 this 关键字不同，函数式组件中的 this 不能指向组件实例。这意味着在函数式组件中无法直接访问组件的状态和方法。

（3）没有内部状态：函数式组件无法通过 state 维持内部状态。如果需要在组件中使用状态，可以使用 React Hook 中的 useState 实现，这将在 10.2 节中介绍。

通过以上介绍，可以看到函数式组件相比于类组件更加简洁和轻量。它适用于不需要复杂逻辑的场景，例如返回一段静态的文本或者展示一些简单信息。

总结一下，函数式组件是一种简单而灵活的组件创建方式，没有生命周期方法，this 关键字不指向组件实例，也没有内部状态。尽管如此，函数式组件仍然可以完成许多常见的功能，甚至在某些情况下，它比类组件更加适用。

第 4 章
React 生命周期

在 React.js 开发中，了解和掌握 React 组件的生命周期是至关重要的。本章将深入探讨 React 生命周期的各个阶段，带领读者逐步了解组件在不同生命周期阶段的行为和应用。

首先，我们将介绍 React 组件的生命周期，包括组件的创建、更新和销毁等关键阶段。通过深入了解 React 生命周期，你将更清晰地认识组件在不同阶段的具体作用和执行顺序，这有助于优化组件性能和提升用户体验。

接下来，我们将重点讲解 componentDidMount()生命周期函数的应用。这一阶段发生在组件挂载完成后，是执行初始化工作和调用外部 API 请求的绝佳时机。我们将探讨如何在 componentDidMount()生命周期函数中实现数据请求、DOM 操作等功能，以实现组件的初始化和渲染。

随后，我们将深入探讨 componentDidUpdate()生命周期函数的应用。这一阶段发生在组件更新后，是处理状态变化和重新渲染的关键环节。我们将介绍如何在componentDidUpdate()中进行状态比较、条件渲染等操作，以确保组件显示正确和逻辑处理无误。

最后，我们将探讨 componentWillUnmount()生命周期函数的应用。这一阶段发生在组件即将卸载前，是执行清理操作和资源释放的时机。我们将介绍如何在 componentWillUnmount()中进行清理工作、取消订阅等操作，以避免内存泄漏和资源浪费问题。

通过本章的学习，你将全面掌握 React 组件的生命周期，以及如何灵活运用生命周期函数实现各种功能和代码优化。

4.1　认识生命周期

在 React 组件化开发中，生命周期是至关重要的，它指的是组件从创建到销毁的整个过程。了解组件的生命周期可以让我们在最恰当的时机完成所需的功能。

React 的生命周期可以分为三个阶段：挂载阶段（Mount）、更新阶段（Update）和销毁阶段（Unmount）。生命周期主要适用于类组件，因为函数式组件没有生命周期函数。

首先，介绍一些基础且常用的生命周期函数。componentDidMount()在挂载阶段被调用，它在组件被渲染到 DOM 后立即执行。这个生命周期函数非常适合进行一次性的设置操作，例如初始化数据、发送网络请求等。

接下来是 componentDidUpdate()，在更新阶段被调用。它在组件的 props 或 state 发生变化后执行。我们可以在这个函数中进行一些操作，例如更新 DOM、重新请求数据等。

最后，componentWillUnmount()在销毁阶段被调用。它在组件从 DOM 中移除之前执行。这个生命周期函数非常适合进行一些清理操作，例如取消订阅、清除定时器等。

除了以上三个常用的生命周期函数，React 还提供了其他复杂情况下使用的函数，例如 shouldComponentUpdate()、getDerivedStateFromProps()等。这些函数可以更加精确地控制组件的更新。

通过理解和使用 React 的生命周期，我们可以更好地管理组件的行为，可以在适当的时间点触发一些操作，从而提升应用的性能和用户体验。

总而言之，React 生命周期是组件化开发中不可或缺的一部分。通过学习和运用合适的生命周期函数，我们可以更好地控制和优化组件的行为。

4.2　componentDidMount()生命周期函数的应用

在 React 开发中，我们经常需要在组件加载完成后执行一些操作，例如发送网络请求、获取数据等。这时，就可以使用 React 提供的生命周期函数 componentDidMount()实现这些需求。

componentDidMount()是 React 组件中的一个生命周期函数，它会在组件被渲染到页面上之后立即被调用。我们可以在这个函数中完成一些需要在组件加载完成后执行的操作。

例如，假设有一个 ToDoList 组件，它需要在页面加载完成后从服务器获取待办事项列表。我们就可以在 componentDidMount()中发送网络请求，并将获取的数据保存在组件的状态中，示例代码如下。

```javascript
import React, { Component } from 'react';
class ToDoList extends Component {
  constructor() {
    super();
    this.state = {
```

```
    todos: [],
  };
}
componentDidMount() {
  fetch('/api/todos') // 模拟发送网络请求
    .then((response) => response.json())
    .then((data) => {
     this.setState({ todos: data }); // 更新组件的状态
    });
}

render() {
  return (
    <div>
      <h1>ToDo List</h1>
      <ul>
        {this.state.todos.map((todo) => (
          <li key={todo.id}>{todo.title}</li>
        ))}
      </ul>
    </div>
  );
}
}
export default ToDoList;
```

【代码解析】

在上面的示例代码中，我们首先在 componentDidMount() 函数中发送 GET 请求到 /api/todos 接口。在获取数据后，通过 setState()方法更新组件的状态。最后，在 render()函数中根据组件状态渲染待办事项列表。

通过使用 componentDidMount()可以确保在组件加载完成后再进行一些操作，以保证组件渲染到页面上后的正确性和完整性。

值得一提的是，componentDidMount()函数只会在组件的初次渲染时被调用一次，后续更新时不会再次调用。如果需要在组件更新后执行操作，可以使用 componentDidUpdate()生命周期函数。

总而言之，componentDidMount()生命周期函数在 React 开发中非常有用，可以用来执行加载数据、初始化组件等操作。由于它在组件加载完成后立即被调用，因此可以确保组件渲染到页面上后再进行一些操作，从而提供更好的用户体验。

4.3　componentDidUpdate()生命周期函数的应用

componentDidUpdate()是一个非常强大和常用的函数。它在组件完成更新后被触发，提供机会执行一些必要的操作。本节将通过单击按钮修改文本的案例演示 componentDidUpdate()的应用。

首先，创建一个简单的 React 组件，名为 TextEditor。该组件包含一个按钮和一个显示文本的区域。

```jsx
import React, { Component } from 'react';
class TextEditor extends Component {
  constructor() {
    super();
    this.state = {
      text: 'Hello, World!'
    };
  }
  handleClick = () => {
    this.setState({ text: 'Text updated!' });
  }
  componentDidUpdate(prevProps, prevState) {
    if (prevState.text !== this.state.text) {
      console.log('Text has been updated!');
    }
  }
  render() {
    return (
      <div>
        <button onClick={this.handleClick}>Update Text</button>
        <p>{this.state.text}</p>
      </div>
    );
  }
}

export default TextEditor;
```

在这个示例中，我们在 componentDidUpdate()函数中加入了条件判断。如果前一个状态的文本与当前状态的文本不同，将打印一条日志消息，提醒文本已经更新。

我们可以在应用中集成 TextEditor 组件，并查看 console 中的输出。

```jsx
import React from 'react';
import TextEditor from './TextEditor';
const App = () => {
  return (
    <div>
      <TextEditor />
    </div>
  );
}
export default App;
```

当单击 Update Text 按钮时，文本将被更新为"Text updated!"，并且会在控制台输出"Text has been updated!"的消息。这是因为 componentDidUpdate 在更新后被触发，我们通过比较前一个状态的文本和当前状态的文本，来确定文本是否发生了变化。

除了打印消息，componentDidUpdate 还可以用于执行其他操作，如发送网络请求、更新其他组件的 props 等。这使得我们可以在组件更新后执行一些额外的操作，以满足特定的需求。

综上所述，componentDidUpdate()是一个非常有用的生命周期函数，在 React 应用开发中经常会使用。它能够帮助我们捕捉组件更新的时机，并进行相应的处理。无论是简单的文本更新还是复杂的状态变化，componentDidUpdate()都能跟踪和处理这些变化。

4.4　componentWillUnmount()生命周期函数的应用

本 节 将 讲 解 React 中 componentWillUnmount() 生 命 周 期 函 数 的 应 用 。 componentWillUnmount()在组件从 DOM 中移除之前被调用，它支持在组件销毁之前执行一些清理工作。本节将通过一个简单的示例代码来展示它的应用。

首先，创建一个名为 HelloWorld 的组件，该组件渲染一个<div>元素，显示文本"Hello, World!"。在组件的构造函数中，我们初始化一个 isDisplayed 的状态变量，用于控制 HelloWorld 组件的显示和隐藏。

```javascript
import React, { Component } from 'react';

class HelloWorld extends Component {
  constructor() {
    super();
    this.state = {
      isDisplayed: true
    };
  }

  render() {
    if (!this.state.isDisplayed) {
      return null;
    }

    return (
      <div>
        Hello, World!
      </div>
    );
  }
}

export default HelloWorld;
```

接下来，创建一个名为 App 的父组件，该组件包含一个按钮和一个 HelloWorld 组件。单击按钮时，控制 HelloWorld 组件的显示和隐藏。在 App 组件中，我们在 componentWillUnmount()
生命周期函数中添加一条 console.log 语句，以便在组件销毁时打印一条消息。

```javascript
import React, { Component } from 'react';
import HelloWorld from './HelloWorld';

class App extends Component {
  constructor(props) {
    super(props);
    this.state = {
      isHelloWorldDisplayed: true
    };
    this.toggleHelloWorld = this.toggleHelloWorld.bind(this);
  }
```

```
toggleHelloWorld() {
  this.setState(prevState => ({
    isHelloWorldDisplayed: !prevState.isHelloWorldDisplayed
  }));
}

componentWillUnmount() {
  console.log('App component is being unmounted');
}

render() {
  return (
    <div>
      <button onClick={this.toggleHelloWorld}>Toggle HelloWorld</button>
      {this.state.isHelloWorldDisplayed && <HelloWorld />}
    </div>
  );
}
}
export default App;
```

现在，可以看到页面上包含一个按钮和一个 HelloWorld 组件。单击按钮时，HelloWorld组件会相应地显示或隐藏。

在示例代码中，当 App 组件销毁时，会调用 componentWillUnmount()生命周期函数，并打印出一条消息。这是一个很有用的生命周期函数，在组件销毁前，可以执行一些清理任务，例如取消订阅、清除定时器等。

总结一下，在本节中，我们学习了如何使用 componentWillUnmount()生命周期函数进行一些清理工作。我们通过示例代码演示了如何通过单击按钮控制一个组件的显示和隐藏。这个示例帮助我们理解了 componentWillUnmount()的实际应用场景，以及它在组件生命周期中的用途。

第 5 章

组件通信

本章将深入探讨 React.js 中组件通信的关键概念和技巧。在 React 的世界里，组件通信是十分重要且常见的，而本章将带领读者探索各种组件通信的方式与实践。

首先，我们将学习如何在不同层级的组件之间进行有效的数据传递，包括父组件向子组件传递数据的技巧，以及使用 prop-types 对数据类型进行校验的方法，以确保数据传递的准确性和安全性。

接下来，我们将深入探讨子组件向父组件传递数据的实现方式，帮助读者理解 React 组件之间双向通信的机制，并通过示例带领读者解决通信中的常见问题与挑战。

此外，本章还将介绍一些高级的组件通信技巧，如使用 children 属性模拟插槽以实现灵活的组件组合和复用，以及利用事件总线 EventBus 简化组件之间的通信流程，从而提升开发效率。

通过学习本章内容，读者将深入了解 React 组件通信的核心原理和实际运用，为构建复杂且灵活的 React 应用奠定坚实的基础。

5.1 组 件 嵌 套

在正式讲解组件通信之前，我们首先要掌握组件之间的嵌套使用。为什么要使用组件嵌套呢？原因在于，如果将应用的所有逻辑都集中在一个组件中，那么这个组件就会变得难以维护。因此，我们需要将大组件拆分成多个小组件。

我们以一个示例说明嵌套关系。首先，创建一个名为 App 的组件。在 App 组件中，我们嵌套 Header 组件、Main 组件和 Footer 组件。而在 Main 组件中，又进一步嵌套了 NewsList 组件和 ProductList 组件。

接下来，通过代码示例更加清晰地理解组件嵌套。

```jsx
```

```
import React from "react";
class App extends React.Component {
  render() {
    return (
      <div>
        <Header />
        <Main />
        <Footer />
      </div>
    );
  }
}

class Header extends React.Component {
  render() {
    return <h1>This is the header component</h1>;
  }
}

class Main extends React.Component {
  render() {
    return (
      <div>
        <NewsList />
        <ProductList />
      </div>
    );
  }
}

class NewsList extends React.Component {
  render() {
    return (
      <ul>
        <li>News 1</li>
        <li>News 2</li>
        <li>News 3</li>
      </ul>
    );
  }
}

class ProductList extends React.Component {
```

```
render() {
  return (
    <ul>
      <li>Product 1</li>
      <li>Product 2</li>
      <li>Product 3</li>
    </ul>
  );
  }
}

class Footer extends React.Component {
  render() {
    return <h1>This is the footer component</h1>;
  }
}

export default App;
```

在上面的代码示例中，我们创建了一个名为 App 的组件，它是整个应用程序的根组件。App 组件中包含了 Header 组件、Main 组件和 Footer 组件。

通过组件嵌套，可以将应用程序的逻辑进行模块化拆分，使每个组件都可以独立处理特定功能。这样不仅有利于代码维护，还使得程序开发更加高效。

5.2　父组件向子组件传递数据

React 组件通信是开发过程中必不可少的环节。它涉及父组件向子组件传递数据以及子组件向父组件传递事件等功能。本节重点讲解父组件向子组件传递数据的实现方式。

在 React 中，父组件可以通过“属性=值”的形式向子组件传递数据。子组件可以通过 props 参数获取父组件传递过来的数据，并进行相应的渲染工作。

我们以一个具体的例子进行说明。假设在 Main 的父组件中定义了一个状态值 news，其中包含了若干新闻标题，如 News1、News2 和 News3。我们希望将这些新闻标题传递给子组件 NewsList，并在子组件中将它们渲染出来。

首先，在 Main 组件中，我们需要在构造函数中初始化 news 状态。

```javascript
```

```
class Main extends React.Component {
  constructor() {
    super();
    this.state = {
      news: ['News1', 'News2', 'News3']
    };
  }

  render() {
    return (
      <NewsList news={this.state.news} />
    );
  }
}
```

【代码解析】

在上述代码中，我们在 Main 组件的构造函数中定义了一个名为 news 的状态，并将包含新闻标题的数组赋值给它。

接下来，在 Main 组件的 render()方法中，我们将 news 状态作为属性传递给子组件 NewsList。

```javascript
render() {
  return (
    <NewsList news={this.state.news} />
  );
}
```

在 NewsList 组件中，可以通过 props 参数从父组件获取传递过来的 news 数据，并进行渲染工作。

```javascript
class NewsList extends React.Component {
  render() {
    return (
      <div>
        {this.props.news.map(item => (
          <div key={item}>{item}</div>
        ))}
      </div>
```

```
    );
  }
}
```

【代码解析】

在上述代码中，通过 this.props.news 从父组件获取了传递过来的 news 数据，并使用 map()方法对其中每个新闻标题进行了遍历渲染。

通过上述代码，父组件 Main 成功向子组件 NewsList 传递了 news 数据，并在子组件中渲染了每个新闻标题。

以上就是父组件向子组件传递数据的基本实现方式。当然，React 还提供了其他更灵活的方式实现组件之间的通信，包括使用 Context 和 Redux 等方式，在 5.9 节和 8.5 节中会详细讲解。

5.3　prop-types 数据类型校验

5.2 节实现了父组件和子组件之间传递数据。有时，我们希望对传递的数据类型进行验证，例如只接收数组类型的数据，或者必须传递某个属性等。在 React 中，我们可以使用 prop-types 库来进行参数验证，以确保数据的正确性和可靠性。

prop-types 是一个专门为 React 设计的库，它可以定义父组件传递给子组件的数据类型，并进行相关的校验。下面通过一个示例说明如何使用 prop-types 进行数据类型校验。

首先，需要在编写组件代码前导入 prop-types 库。

在 NewsList 组件文件的顶部引入 prop-types 库。

```
import PropTypes from 'prop-types';
```

NewsList 组件接收名为 news 的属性。我们希望确保这个属性的类型是一个数组，可以在组件的定义中添加以下代码。

```javascript
NewsList.propTypes = {
    news: PropTypes.array
}
```

【代码解析】

在上述代码中，我们使用 propTypes 对象为 news 属性定义了类型验证规则，这里指定的类型是数组。因此，在父组件向 NewsList 组件传递 news 属性时，如果传递的数据类型不是数组，React 会在控制台给出警告，提示数据类型不匹配。

除了指定类型，prop-types 还支持其他的约束条件，例如是否必须传递该属性、是否允许为空等。我们可以通过添加一些属性修改验证规则。

例如，可以为 news 属性设置一个默认值。如果父组件没有传递 news 属性，则 NewsList 组件将使用默认值作为初始数据。可以在组件定义中添加以下代码。

```javascript
NewsList.defaultProps = {
    news: ['默认数据']
}
```

【代码解析】

在上述代码中，我们使用 defaultProps 对象为 news 属性设置了默认值['默认数据']。因此，如果父组件没有传递 news 属性，NewsList 组件就会使用默认值初始化 news 属性。

总结一下，使用 prop-types 库进行数据类型校验可以确保组件接收到的数据类型符合要求，从而提高代码的可靠性。通过定义验证规则，可以避免运行时出现类型错误，减少程序中的错误。

5.4　子组件向父组件传递数据

在 React 中，子组件向父组件传递数据是非常重要的功能。这种数据传递方式是通过父组件向子组件传递一个回调函数，子组件在调用回调函数的同时可以传递数据给父组件。这种方式使得组件之间的数据交流变得更加方便和灵活。

假设有一个名为 ParentComponent 的父组件，它包含一个名为 ChildComponent 的子组件。我们希望在 ChildComponent 中进行一些操作，并将结果传递回 ParentComponent。为此，我们首先需要在 ParentComponent 中定义一个回调函数，然后将这个函数作为属性传递给 ChildComponent。在 ChildComponent 中，我们可以通过 props 访问这个回调函数，并在需要的时候调用它。

下面的示例代码演示了如何在 React 中实现子组件向父组件传递数据。

```
```
// ParentComponent.js
import React, { Component } from 'react';
import ChildComponent from './ChildComponent';
class ParentComponent extends Component {
  constructor(props) {
    super(props);
    this.state = {
      childData: ''
    };
    this.handleChildData = this.handleChildData.bind(this);
  }

  handleChildData(data) {
    this.setState({ childData: data });
  }

  render() {
    return (
      <div>
        <h1>Parent Component</h1>
        <ChildComponent onChildData={this.handleChildData} />
        <p>Child Data: {this.state.childData}</p>
      </div>
    );
  }
}

export default ParentComponent;
```

```
// ChildComponent.js

import React, { Component } from 'react';

class ChildComponent extends Component {
  constructor(props) {
    super(props);
    this.state = {
      inputValue: ''
    };
    this.handleChange = this.handleChange.bind(this);
```
```

```
    this.handleSubmit = this.handleSubmit.bind(this);
  }

  handleChange(event) {
    this.setState({ inputValue: event.target.value });
  }

  handleSubmit(event) {
    event.preventDefault();
    this.props.onChildData(this.state.inputValue);
    this.setState({ inputValue: '' });
  }

  render() {
    return (
      <form onSubmit={this.handleSubmit}>
        <input type="text" value={this.state.inputValue} onChange=
{this.handleChange} />
        <button type="submit">Submit</button>
      </form>
    );
  }
}

export default ChildComponent;
```

【代码解析】

在上述示例代码中，父组件的构造函数中定义了一个名为 parentData 的 state 属性，用于存储来自子组件的数据。在父组件的 render() 方法中，使用 ChildComponent，并将 parentData 属性传递给它。同时，在 ChildComponent 的构造函数中定义了一个名为 inputValue 的 state 属性，用于保存子组件中输入框的值。在子组件的 render() 方法中，通过 onChange 事件监听输入框的变化，并在 handleSubmit() 方法中调用父组件传递的 onChildData() 回调函数，将输入框的值作为参数传递给父组件。

通过这种方式，实现了子组件向父组件传递数据的功能。当用户在子组件中输入数据并单击"提交"按钮时，子组件调用 onChildData() 回调函数，将输入的数据传递给父组件，父组件随后将该数据渲染在页面上。

总结一下，在 React 中，子组件向父组件传递数据的方式是通过父组件向子组件传递一个回调函数，子组件可以在需要的时候调用回调函数，并将数据作为参数传递给父组件。

这种方式使得组件之间的数据流动变得更加简单和灵活，为开发 React 应用提供了很大的便利。

5.5　组件通信选项卡案例

本节将通过选项卡案例，加深对组件之间通信的理解。我们的主要目标是练习父组件向子组件传值，以及子组件向父组件传值。下面是整个功能的需求。

首先，新建一个名为 App 的类组件。在组件中，通过定义 this.state 存储选项卡的内容。例如，可以将 this.state 设置为{['首页', '新闻中心', '产品中心']}。

接下来，在 App 组件中嵌套一个名为 Tabs 的子组件。同时，将 App 组件的数据传递给子组件。通过这样的传值操作，子组件就可以获取 App 组件中存储的选项卡内容。

然后，子组件 Tabs 接收从 App 组件传递过来的数据，并将其渲染到 li 列表中。这样，选项卡的内容就可以显示在页面上。

在实现单击 li 菜单后添加红色样式的功能之前，我们需要先实现排他效果。具体来说，当单击一个菜单项时，其他菜单项应该取消之前添加的红色样式。只有当前单击的菜单才会显示红色样式。

最后，将子组件选中的菜单项再次传递给父组件，从而实现父组件显示选中的菜单项的功能。

示例代码如下。

```jsx
class App extends React.Component {
  constructor(props) {
    super(props);
    this.state = {
      tabs: ['首页', '新闻中心', '产品中心']
    };
  }

  render() {
    // 其他代码
  }
}
```

接下来，在 App 组件中嵌套一个名为 Tabs 的子组件，并将 this.state.tabs 数据传递给子组件。

```jsx
class App extends React.Component {
  constructor(props) {
    super(props);
    this.state = {
      tabs: ['首页', '新闻中心', '产品中心']
    };
  }

  render() {
    return (
      <div>
        <Tabs tabs={this.state.tabs} />
      </div>
    );
  }
}
```

在 Tabs 组件中，接收 App 组件传递过来的数据，并将数据渲染到 li 列表中。

```jsx
class Tabs extends React.Component {
  render() {
    return (
      <ul>
        {this.props.tabs.map((tab, index) => (
          <li key={index}>{tab}</li>
        ))}
      </ul>
    );
  }
}
```

现在，页面上能展示从父组件传递过来的选项卡数据了。然而，我们还需要实现单击选项卡时的排他功能，即单击某个选项卡时，为它添加红色样式。为了实现排他功能，我们需要在 Tabs 组件中添加选项卡单击事件的处理函数。

```jsx
class Tabs extends React.Component {
  handleClick(tab) {
```

```jsx
      // 处理单击事件的逻辑
    }

    render() {
      return (
        <ul>
          {this.props.tabs.map((tab, index) => (
            <li
              key={index}
              onClick={() => this.handleClick(tab)}
            >
              {tab}
            </li>
          ))}
        </ul>
      );
    }
}
```

在 handleClick()函数中，我们可以根据单击的选项卡修改 state，并通过修改样式实现排他功能。

最后，需要将子组件选中的菜单项传递给父组件，并让父组件将选中的菜单项显示出来。为了实现选择功能，需要在 App 组件中定义 handleSelect()方法，并将它传递给 Tabs 组件。

```jsx
class App extends React.Component {
  constructor(props) {
    super(props);
    this.state = {
      tabs: ['首页', '新闻中心', '产品中心'],
      selectedTab: ''
    };
  }

  handleSelect(tab) {
    this.setState({ selectedTab: tab });
  }

  render() {
    return (
```

```jsx
    <div>
      <Tabs
        tabs={this.state.tabs}
        onSelect={this.handleSelect.bind(this)}
      />
      <div>
        当前选中的菜单：{this.state.selectedTab}
      </div>
    </div>
    );
  }
}
```

在 Tabs 组件中，调用父组件传递过来的 handleSelect()方法，并将选中的菜单项作为参数传递给 handleSelect()方法。

```jsx
class Tabs extends React.Component {
  handleClick(tab) {
    this.props.onSelect(tab);
  }

  render() {
    return (
      <ul>
        {this.props.tabs.map((tab, index) => (
          <li
            key={index}
            onClick={() => this.handleClick(tab)}
          >
            {tab}
          </li>
        ))}
      </ul>
    );
  }
}
```

现在，我们已经实现了父组件向子组件传值和子组件向父组件传值的功能。当单击选项卡时，父组件将显示选中的菜单项。这样就成功地完成了选项卡案例，通过这个示例，我们能更好地理解父子组件之间的通信，以及如何传递数据和触发事件。

5.6　children 子元素模拟插槽

本节讲解 React 中的插槽。不过，React 中没有插槽概念，不像 Vue 提供插槽标签。但是，React 通过组件的 children 子元素以及 props 属性传递实现了插槽效果。

本节演示一种模拟插槽的方式，即使用 children 子元素。新建了一个名为 App 的类组件，并在其中嵌套了一个名为 Menus 的子组件。

Menus 组件返回左侧、中间、右侧三个 div 元素。需要注意的是，这三块内容是不确定的，而是由父组件传递过来的数据决定。

第一种方法是在引用 Menus 组件时使用双标签，在标签中放置 3 个 div 元素。示例代码如下。

```jsx
class App extends React.Component {
  render() {
    return (
      <div>
        <Menus>
          <div>left</div>
          <div>center</div>
          <div>right</div>
        </Menus>
      </div>
    );
  }
}
```

在 Menus 组件中，可以使用 this.props.children 获取传递过来的数据，并将其渲染到相应的位置。示例代码如下。

```jsx
class Menus extends React.Component {
  render() {
    return (
      <div>
        {this.props.children}
      </div>
    );
  }
```

```
}
```

需要注意的是，如果父组件只传递了一个数据，则 this.props.children 获取到的不是数组，而是直接获取到传递过来的内容。

通过这种方式，可以动态地将任意内容传递给子组件 Menus，并且 Menus 组件可以根据收到的数据进行灵活地渲染。

以这种方式实现子元素模拟插槽非常方便，适用于需要在父组件中动态传递内容给子组件的情况。

5.7 props 模拟插槽

本节介绍在 React 中模拟插槽的第二种方法——使用 props。

首先，创建一个名为 App 的类组件。在 App 组件中嵌套名为 Menus 的子组件。Menus 组件返回由三个 div 元素组成的布局，分别位于左侧、中间和右侧。然而，这三块内容是不确定的，因此我们将让父组件传递数据给 Menus 组件。

在调用 Menus 组件时，可以直接通过属性的形式传递数据。例如，在 App 组件中的 render()方法中使用以下代码调用 Menus 组件。

```jsx
class App extends React.Component {
  render() {
    return (
      <div>
        <Menus leftContent="左侧内容" centerContent="中间内容" rightContent="
右侧内容" />
      </div>
    );
  }
}
```

在 Menus 组件中，通过 this.props 调用属性名获取传递给组件的数据。例如，在 Menus 组件的 render()方法中使用以下代码输出传递的数据。

```jsx
class Menus extends React.Component {
  render() {
```

```
  return (
   <div>
    <div>{this.props.leftContent}</div>
    <div>{this.props.centerContent}</div>
    <div>{this.props.rightContent}</div>
   </div>
  );
 }
}
```

通过这种方式，可以轻松地在父组件中传递数据给子组件，并在子组件中使用 props 访问数据。这种模拟插槽的方式方便灵活，可以根据需要传递任意内容给子组件。

5.8　模拟作用域插槽

本节模拟 React 的作用域插槽功能。作用域插槽是一种可以携带数据的插槽，它允许子组件向父组件传递数据，父组件可以根据子组件传递的数据进行不同的内容展现和填充，我们的案例是创建一个名为 App 的类组件，并在 App 组件中嵌套一个名为 Menus 的子组件。父组件不仅需要将菜单数据传递给子组件，还需要将元素类型传递给子组件。

首先，创建 App 组件。

```jsx
import React from 'react';
import Menus from './Menus';
class App extends React.Component {
 render() {
  return (
   <div>
     // 在这里传递菜单数据和元素类型给子组件
     <Menus menuData={menuData} elementType={elementType} />
   </div>
  );
 }
}

export default App;
```

接下来，在 App 组件中定义菜单数据和元素类型。数据可以从 API 中获得，也可以硬编码在组件中。在这里，我们选择硬编码数据，以便演示。

```jsx
import React from 'react';
const menuData = [
  { id: 1, name: '菜单 1' },
  { id: 2, name: '菜单 2' },
  { id: 3, name: '菜单 3' },
];
const elementType = 'button';

class App extends React.Component {
  render() {
    return (
      <div>
        <Menus menuData={menuData} elementType={elementType} />
      </div>
    );
  }
}
export default App;
```

现在，创建 Menus 组件。Menus 组件接收父组件传递来的菜单数据和元素类型，并将它们渲染出来。

```jsx
import React from 'react';
class Menus extends React.Component {
  render() {
    const { menuData, elementType } = this.props;
    return (
      <div>
        {menuData.map(menuItem => (
          <elementType key={menuItem.id} className="menu-item">
            {menuItem.name}
          </elementType>
        ))}
      </div>
    );
  }
}
```

```
export default Menus;
```
```

Menus 组件使用了父组件传递的菜单数据和元素类型。我们使用 map()函数遍历菜单数据，并在每个菜单项上渲染出对应的元素类型。我们还为每个元素添加了唯一的 key 属性和 menu-item 的类名。

当使用 App 组件时，可以将菜单数据和元素类型作为 props 传递给 Menus 组件，Menus 组件会根据这些数据将菜单项渲染成对应的元素类型。

```jsx
import React from 'react';
import Menus from './Menus';
const menuData = [
  { id: 1, name: '菜单 1' },
  { id: 2, name: '菜单 2' },
  { id: 3, name: '菜单 3' },
];
const elementType = 'button';
class App extends React.Component {
  render() {
    return (
      <div>
        <Menus menuData={menuData} elementType={elementType} />
      </div>
    );
  }
}
export default App;
```

在这个示例中，我们展示了如何使用 React 的作用域插槽功能，在父组件中传递数据和元素类型给子组件。这样做的好处是可以使组件更加灵活和可复用。通过将数据和元素类型作为 props 传递给子组件，可以在不改变子组件逻辑的情况下，根据需要传递不同的数据和元素类型。

上述案例可以进一步扩展，示例代码如下。

```javascript
import React from 'react';
class App extends React.Component {
  render() {
    const menuItems = ['Item 1', 'Item 2', 'Item 3'];
    return (
      <div>
```
```

```
        <Menus renderer={(item, index) => (
          <span key={index}>{item}</span>
        )} items={menuItems} />
        <Menus renderer={(item, index) => (
          <button key={index}>{item}</button>
        )} items={menuItems} />
        <Menus renderer={(item, index) => (
          <em key={index}>{item}</em>
        )} items={menuItems} />
      </div>
    );
  }
}
class Menus extends React.Component {
  render() {
    const { renderer, items } = this.props;
    return (
      <div>
        {items.map((item, index) => renderer(item, index))}
      </div>
    );
  }
}
export default App;
```

【代码解析】

在上面的代码中，我们创建了一个 App 组件，并在该组件中嵌套了三个 Menus 组件。每个 Menus 组件都接收两个 props，一个是 render()函数，另一个是 items 数组。在 App 组件中，分别将<span>、<button>和<em>作为元素类型传递给子组件，并在 renderer()函数中使用这些元素类型渲染菜单项。最后，将 menuItems 作为菜单数据传递给子组件。

由此可见，使用作用域插槽的好处是可以在父组件中动态决定菜单项的样式，并且可以轻松地新增或修改菜单项的元素类型。这使得应用程序更加灵活和可扩展，我们只需要定义一个 render()函数和传递相应的菜单数据即可。

5.9　Context 数据传递

React 开发常常会需要在父子组件之间进行数据传递。然而，有时我们也需要在非直接父子关系的不同组件之间进行数据传递。我们可以使用 Context 来实现跨组件的数据传递。

例如：创建三个组件，在名为 App 的组件中嵌套一个名为 Home 的组件，Home 组件中又嵌套了一个名为 Helloworld 的组件。我们的需求是让 App 组件中的数据可以直接共享给 Helloworld 组件。

首先，新建一个 js 文件，用于创建并导出 Context。然后，在 App 组件和 Helloworld 组件中使用 Context 实现数据传递。示例代码如下。

```javascript
// context.js
import React from "react";
const MyContext = React.createContext();
export default MyContext;
```

```javascript
// App.js
import React from "react";
import MyContext from "./context";
import Home from "./Home";

class App extends React.Component {
  state = {
    data: "Hello World!"
  };

  render() {
    return (
      <div>
        <MyContext.Provider value={this.state.data}>
          <Home />
        </MyContext.Provider>
      </div>
    );
  }
}
export default App;
```

```javascript
// Home.js
```

```javascript
import React from "react";
import Helloworld from "./Helloworld";

class Home extends React.Component {
  render() {
    return (
      <div>
        <Helloworld />
      </div>
    );
  }
}

export default Home;
```

```javascript
// Helloworld.js
import React from "react";
import MyContext from "./context";
class Helloworld extends React.Component {
  render() {
    return (
      <div>
        <MyContext.Consumer>
          {value => <h1>{value}</h1>}
        </MyContext.Consumer>
      </div>
    );
  }
}
export default Helloworld;
```

【代码解析】

在上面的示例代码中，首先在 context.js 文件中创建名为 MyContext 的 Context。然后，在 App.js 组件中使用 MyContext.Provider 包裹 Home 组件，并将需要传递的数据值通过 value 属性传递给 Provider。接着，在 Home.js 组件中，将 Helloworld 组件渲染出来。最后，在 Helloworld.js 组件中，通过 MyContext.Consumer 获取传递的数据值，并将其展示在页面上。

通过这种方式，就实现了将 App 组件中的数据直接共享给 Helloworld 组件的功能，并且数据共享可以跨越多个组件。

总结一下，在 React 中，使用 Context 可以轻松实现跨组件的数据传递，不再局限于父子组件之间。通过 Provider 和 Consumer 的配合使用，我们可以在需要的地方获取数据。这大幅提升了处理组件间数据传递的灵活性和便利性。

5.10 事件总线

在 React 开发中经常会遇到非父子组件之间需要进行数据通信的情况。虽然 React 的数据流向是自上而下的，但我们可以通过事件总线（EventBus）实现非父子组件之间的数据传递。

以一个简单的示例进行说明。先创建一个根组件 App，在其中创建一个名为 Home 的子组件。然后再在 Home 组件中添加一个名为 HelloWorld 的子组件。为 HelloWorld 组件添加一个按钮单击事件，当该事件发生改变时，希望在 App 组件中能够监听到这个事件。

为了实现功能，我们使用 hy-event-store 库创建事件总线。首先，运行 npm install hy-event-store 安装库。然后在 src 目录下新建 utils 目录，并在该目录下创建 event-bus.js 文件，以便创建事件总线。可以通过 new HYEventBus()实例化事件总线对象。

当 HelloWorld 组件的事件发生改变时，使用事件总线的 emit()方法发送事件。然后，在任何一个组件中，都可以通过监听事件总线的方式捕获事件。在 App 组件中的 componentDidMount()生命周期钩子函数中，我们可以监听事件总线的事件。而在组件被销毁时，可以在 componentWillUnmount()中销毁事件总线对象。

示例代码如下。

```jsx
// App.js
import React, { Component } from 'react';
import HYEventBus from './utils/event-bus';

class App extends Component {
  componentDidMount() {
    HYEventBus.on('helloWorldEvent', this.handleHelloWorldEvent);
  }

  componentWillUnmount() {
    HYEventBus.off('helloWorldEvent', this.handleHelloWorldEvent);
  }
```

```
    handleHelloWorldEvent = () => {
      // 处理 HelloWorld 组件事件的回调函数
      console.log('HelloWorld 事件发生了改变！');
    }

    render() {
      return (
        <div>
          <h1>React 事件总线示例</h1>
          <Home />
        </div>
      );
    }
}

// Home.js
import React from 'react';
import HelloWorld from './HelloWorld';

const Home = () => {
  return (
    <div>
      <h2>Home 组件</h2>
      <HelloWorld />
    </div>
  );
}

// HelloWorld.js
import React from 'react';
import HYEventBus from './utils/event-bus';

const HelloWorld = () => {
  const handleClick = () => {
    // 处理按钮单击事件
    HYEventBus.emit('helloWorldEvent');
  }

  return (
    <div>
      <h3>HelloWorld 组件</h3>
      <button onClick={handleClick}>单击我</button>
    </div>
```

```
  );
}
export default HelloWorld;

// event-bus.js
import { HYEventBus } from 'hy-event-store'
const eventBus = new HYEventBus()
export default eventBus
```
```

**【代码解析】**

以上代码示例演示了如何在 React 开发中使用事件总线实现非父子组件之间的数据通信。在这个示例中，当 HelloWorld 组件的按钮单击事件发生改变时，App 组件能够监听到该事件并进行处理。开发者可以根据需要在回调函数中编写需要实现的功能。通过事件总线，我们可以方便地在 React 中进行组件间的数据传递，提升代码的可维护性和灵活性。
```

第 6 章
React 组件化开发

在 React.js 开发中，组件化是一项关键技术。本章将深入探讨 React 组件化开发的多个方面。首先，我们将探讨 setState()方法的作用和用法，了解如何在 React 组件中更新状态以实现动态页面渲染。同时，我们也将探讨组件性能优化，介绍 shouldComponentUpdate()方法以及如何避免不必要的渲染。此外，还将深入讨论 PureComponent 的应用，以及如何利用函数组件进行性能优化。

本章还会重点探讨组件中状态数据的不可变性原则，以及如何在 React 开发中确保状态数据的不可变性。此外，我们将深入了解受控组件和非受控组件的概念，以及它们在 React 组件化开发中的应用场景和优势。通过本章的学习，你将能够更加深入地理解 React 组件化开发的核心概念，提升 React.js 开发技能。

6.1　setState()的作用以及用法

在 React 的组件化开发中，setState()方法在组件中起着至关重要的作用，它能够告知 React 数据发生了变化。不同于 Vue2 中的 Object.defineProperty 或 Vue3 中的 Proxy，React 并没有类似监听数据变化的方式。因此，需要使用 setState()通知 React 数据已被修改。

接下来，我们详细讲解 setState()的使用方法。首先，介绍一种最常用的使用方法，即直接修改 this.state 中的数据。以一个名为 App 的组件为例，我们在组件中定义了一个名为 msg 的数据。渲染一个按钮和 msg 数据，并且给按钮绑定了一个单击事件，当单击按钮时，直接修改 this.state 中的值。这也是最常见的使用方法，我们可以直接将新对象传递给 this.setState()方法，以更新组件的状态。示例代码如下。

```javascript
class App extends React.Component {
  constructor(props) {
    super(props);
```

```
    this.state = {
      msg: "Hello World"
    };
  }

  handleClick = () => {
    this.setState({
      msg: "Hello React"
    });
  }

  render() {
    return (
      <div>
        <button onClick={this.handleClick}>单击按钮</button>
        <p>{this.state.msg}</p>
      </div>
    );
  }
}
```

这种方法是最常见且最简单的使用方式，只需向 setState 中传入对象即可。

除了直接传入新对象来更新状态，setState()方法还可以接收回调函数作为参数。回调函数将在数据更新完成后被调用。在回调函数中，可以访问更新后的 state 和 props。示例代码如下。

```jsx
this.setState(() => {
  console.log(this.state.msg); // 'Hello React'
  console.log(this.props); // 组件的 props 对象
  return { msg: "Hello World" };
});
```

通过在回调函数中对 state 和 props 进行操作，可以根据当前的 state 和 props 计算新的数据，并通过 setState 更新组件的状态。

最后一种方法是在 setState 的参数中传入第二个参数 callback，这是一个回调函数。该回调函数也会在数据更新完成后被调用。示例代码如下。

```javascript
this.setState({
```

```
  msg: "Hello React"
}, () => {
  console.log("数据更新完成！");
});
```

通过以上方法，可以在数据更新完成后执行一些额外的逻辑操作。

综上所述，setState()是 React 中非常重要的方法，可用于告知 React 数据的变化，并更新组件的状态。无论是直接传入对象、回调函数还是传入第二个参数 callback，都可以灵活地使用 setState 处理数据的更新。通过合理运用 setState，能够更好地控制组件的状态变化，从而提升用户体验。

6.2　组件性能优化 shouldComponentUpdate

React 组件性能优化一直是开发者关注的焦点之一。在 React 中，当 props 或 state 发生改变时，会触发 render()方法重新渲染组件，并创建一个新的虚拟 DOM 树。React 会使用 DIFF 算法比较新旧两棵树，以有效地更新页面。然而，完全比较两棵树的复杂度和对比次数都非常高，这对性能是一个挑战。

为了优化性能，React 提出了几种方法。

（1）同层节点之间相互比较，避免跨越层级比较。

（2）不同类型的节点产生不同的树结构。

（3）通过 key 保持数据的稳定性。

我们通过一个案例实现以上优化策略。首先，新建一个名为 App 的类组件，其中定义了 msg 和 counter 这两个状态。App 组件内部包含两个子组件：Home 组件和 Counter 组件，分别用于展示 msg 和 counter 的数据。

我们的需求是在 App 组件中添加一个按钮，单击按钮时修改 msg 的值。然后，观察在 Home 组件和 Counter 组件的数据不更新的情况下，子组件的 render()函数是否会执行。

通常情况下，执行子组件的 render()函数会导致效率低下，因为只要 App 组件的 render()函数发生变化，所有子组件的 render()函数都会重新执行。

针对这种性能问题，React 提供了 shouldComponentUpdate()生命周期函数，简称 SCU。通过在子组件中使用 shouldComponentUpdate()函数，可以控制子组件是否执行 render()函数，从而优化性能。

在以下示例代码中，我们使用原生的 shouldComponentUpdate()函数控制子组件的更新。

```jsx
class App extends React.Component {
  constructor(props) {
    super(props);
    this.state = {
      msg: 'Hello World',
      counter: 0
    };
  }

  handleButtonClick = () => {
    this.setState({
      msg: 'Hello React!'
    });
  }

  render() {
    return (
      <div>
        <button onClick={this.handleButtonClick}>Change Message</button>
        <Home msg={this.state.msg} />
        <Counter counter={this.state.counter} />
      </div>
    );
  }
}

class Home extends React.Component {
  shouldComponentUpdate(nextProps, nextState) {
    return nextProps.msg !== this.props.msg;
  }

  render() {
    console.log('Home component rendered');
    return <div>{this.props.msg}</div>;
  }
}

class Counter extends React.Component {
  shouldComponentUpdate(nextProps, nextState) {
    return nextProps.counter !== this.props.counter;
  }
```

```
render() {
  console.log('Counter component rendered');
  return <div>{this.props.counter}</div>;
}
}

ReactDOM.render(<App />, document.getElementById('root'));
```
```

**【代码解析】**

在这个示例中，我们在 Home 和 Counter 组件中使用 shouldComponentUpdate()函数比较新旧 props 的值，只有当值发生变化时才会更新 render()函数。这可以避免不必要的渲染，提高组件的性能。

通过合理运用 React 提供的性能优化方法，可以有效地提升程序的性能，使用户体验更加流畅。

# 6.3　组件性能优化 PureComponent

如果所有的类都使用 shouldComponentUpdate()周期函数实现组件性能优化，那么会增加很多工作量。所以在实际开发中 React 会帮助用户做性能优化。在 React 中，通过继承 PureComponent 类可以轻松实现组件的性能优化，避免频繁渲染，提升页面性能。

我们通过一个简单的示例演示 PureComponent 的作用。首先，新建一个名为 App 的组件，在该组件的 state 中定义 msg 数据以及 counter 计数变量。在 App 组件中嵌套两个子组件，分别是 Home 组件和 Counter 组件，并将 msg 和 counter 数据进行渲染展示。

需求是在 App 组件中新增一个按钮，单击该按钮会修改 msg 数据。观察在 Home 组件和 Counter 组件中没有数据更新的情况下，是否会触发子组件的 render()函数重新执行。

通过直接让类继承自 PureComponent，子组件在父组件状态更新时，只有在 props 或 state 发生变化时才会重新渲染，否则不会重新渲染。

示例代码如下。

```jsx
import React, { PureComponent } from 'react';

class App extends PureComponent {
  state = {
```
```

```
    msg: 'Hello, World!',
    counter: 0
  };

  handleClick = () => {
    this.setState({ msg: 'Hello, React!' });
  };

  render() {
    return (
      <div>
        <button onClick={this.handleClick}>Change Message</button>
        <Home msg={this.state.msg} />
        <Counter count={this.state.counter} />
      </div>
    );
  }
}

class Home extends PureComponent {
  render() {
    return <div>{this.props.msg}</div>;
  }
}

class Counter extends PureComponent {
  render() {
    return <div>{this.props.count}</div>;
  }
}

export default App;
```

【代码解析】

通过以上示例代码，可以观察到在 App 组件中修改 msg 数据时，只有 Home 组件中的内容被更新，而 Counter 组件中的内容没有发生改变。这是因为 Home 和 Counter 组件都继承自 PureComponent，当父组件状态更新时，只有数据发生变化时才会重新渲染，有效提升了页面性能。

因此，合理利用 PureComponent 可以在不影响页面功能的前提下提升应用性能，是 React 组件性能优化的重要手段之一。

6.4　函数组件性能优化

在 React 中，我们经常使用 PureComponent 类和 shouldComponentUpdate()生命周期函数优化类组件的性能。但是对于函数组件，应该如何进行性能优化呢？

React 提供了一个很实用的函数 memo()，可以在函数组件中进行性能优化。我们通过一个简单的示例说明如何使用 memo()进行函数组件的性能优化。

假设有一个类组件 App，在该组件中嵌套一个函数子组件 HelloWorld。同时，在 App 组件中还嵌套了一个类子组件 Counter，通过单击按钮增加 App 组件中的 counter 状态值，但是这个操作不会影响 HelloWorld 子组件的渲染。

通过 memo 优化 HelloWorld 组件性能的示例代码如下。

```jsx
import React, { memo } from 'react';

const HelloWorld = () => {
 console.log('HelloWorld 渲染! ');

 return (
   <div>
     <h1>Hello World</h1>
   </div>
 );
}

export default memo(HelloWorld);
```

【代码解析】

在上面的示例代码中，我们使用了 memo()函数将 HelloWorld 组件包裹起来，这样可以确保在 App 组件中的状态发生变化时，只有由 Counter 组件引发的重新渲染会影响性能，而 HelloWorld 组件会避免不必要的重新渲染。

通过以上优化，可以有效提升 React()函数组件的性能，使得应用在处理大量数据或复杂交互时，仍然能够保持流畅的用户体验。

6.5　组件中 state 数据不可变性原则

本节将重点介绍 state 数据的不可变性原则。我们通过示例演示如何处理 state 数据，创建一个名为 App 的类组件，该组件的 state 中包含一个模拟购物车列表的数组数据。当单击"新增"按钮时，向购物车列表中添加一条静态数据。

在添加过程中，注意不能直接修改 state 中原有的数据，而应该先进行浅拷贝，创建一个新的数组，然后向新数组中添加模拟的静态数据。示例代码如下。

```javascript
import React, { Component } from 'react';

class App extends Component {
  state = {
    shoppingCart: []
  };

  handleAddToCart = () => {
    const staticData = { id: 1, name: 'Product A', price: 10 };
    const newCart = [...this.state.shoppingCart, staticData];
    this.setState({ shoppingCart: newCart });
  };

  render() {
    return (
      <div>
        <button onClick={this.handleAddToCart}>Add to Cart</button>
        <ul>
          {this.state.shoppingCart.map(item => (
            <li key={item.id}>{item.name} - ${item.price}</li>
          ))}
        </ul>
      </div>
    );
  }
}

export default App;
```

【代码解析】

在这段示例代码中，我们创建了一个名为 App 的 React 组件。当单击按钮时，调用 handleAddToCart()函数，首先创建静态数据 staticData，然后使用 ES6 展开运算符创建新数组 newCart，向其中添加静态数据并通过 setState 更新 state。最后，在页面上展示购物车列表中的物品。

如果直接对 state 中的原始数据进行处理，一旦组件继承了 PureComponent，则上述代码将会失效。

因此，遵循 state 数据不可变原则，可以确保在 React 组件中对数据进行安全和可预测的处理，避免出现副作用。

6.6　使用 ref 获取 DOM 的三种方式

在 React 开发中，为了保持更好的代码可维护性和性能表现，通常不建议直接操作原生 DOM。相反，建议使用 ref 获取 DOM 元素。在 React 中，有三种方式可以通过 ref 获取 DOM 元素。

首先，创建一个名为 App 的类组件，并返回一个包含文本 "Hello World" 的 h1 标签。在单击按钮时，能获取到 h1 标签的 DOM 元素。为按钮添加单击事件，并在事件处理函数中使用 this.refs 获取 DOM 元素。以下是第一种获取 DOM 元素方式的示例代码。

```jsx
import React, { Component } from 'react';

class App extends Component {
 handleClick = () => {
  const h1Element = this.refs.heading;
  // 对获取到的 DOM 元素进行操作
 }

 render() {
  return (
   <div>
    <h1 ref="heading">Hello World</h1>
    <button onClick={this.handleClick}>Click to Get h1</button>
   </div>
  );
 }
```

```jsx
}

export default App;
```

或者，可以使用 createRef 获取 DOM 元素。以下是第二种获取 DOM 元素方式的示例代码。

```jsx
import React, { Component, createRef } from 'react';

class App extends Component {
  constructor(props) {
    super(props);
    this.h1Ref = createRef();
  }

  handleClick = () => {
    const h1Element = this.h1Ref.current;
    // 对获取到的 DOM 元素进行操作
  }

  render() {
    return (
      <div>
        <h1 ref={this.h1Ref}>Hello World</h1>
        <button onClick={this.handleClick}>Click to Get h1</button>
      </div>
    );
  }
}

export default App;
```

最后，可以直接在元素的 ref 属性中传入回调函数，从而获取 DOM 元素。以下是第三种获取 DOM 元素方式的示例代码。

```jsx
import React, { Component } from 'react';

class App extends Component {
  handleRef = (element) => {
```

```
    // 对获取到的 DOM 元素进行操作
  }

  render() {
    return (
      <div>
        <h1 ref={this.handleRef}>Hello World</h1>
      </div>
    );
  }
}

export default App;
```

通过这三种方式，可以轻松地在 React 应用中获取和操作 DOM 元素，同时使代码整洁和易于维护。

6.7　ref 获取组件

本节讲解如何使用 ref 获取组件实例。在 React 中，可以通过 ref 获取组件，并直接操作其状态和方法。下面分别展示使用 ref 获取类组件和函数式组件的示例代码。

1. 获取类组件实例

首先，新建一个类组件 Helloworld，该组件包含一个显示"Hello, World!"的<div>元素。然后，在另一个类组件 App 中的按钮单击事件中，获取 Helloworld 组件的实例。

```javascript
import React, { Component} from 'react';
class Helloworld extends Component {
  sayHello() {
    alert('Hello, World!');
  }
  render() {
    return <div>Hello, World!</div>;
  }
}
class App extends Component {
  constructor(props) {
```

```
    super(props);
    this.helloRef = React.createRef();
  }
  handleClick = () => {
    this.helloRef.current.sayHello();
  }
  render() {
    return (
      <div>
        <button onClick={this.handleClick}>Say Hello</button>
        <Helloworld ref={this.helloRef} />
      </div>
    );
  }
}
export default App;
```
```

**【代码解析】**

在上面的代码中，我们使用 React.createRef()创建了一个 ref，并将其绑定在 Helloworld 组件上。在 App 组件的按钮单击事件处理函数中，通过 this.helloRef.current 即可调用 Helloworld 组件的 sayHello()方法。

**2. 获取函数式组件实例**

对于函数式组件，无法直接通过 ref 获取其实例。但可以通过 forwardRef 将 ref 传递给函数式组件内部的元素，并在该元素上绑定 ref。

```jsx
import React, { createRef } from 'react';
class App extends React.Component {
  constructor(props) {
    super(props);
    this.helloWorldRef = createRef();
  }
  handleClick = () => {
    const h1Element = this.helloWorldRef.current.querySelector('h1');
    // 可以在这里对获取到的 h1 元素进行操作
  }
  render() {
    return (
      <div>
```
```

```
      <button onClick={this.handleClick}>Click Me</button>
      <HelloWorld ref={this.helloWorldRef} />
    </div>
  );
  }
}

const HelloWorld = React.forwardRef((props, ref) => {
 return (
   <div ref={ref}>
     <h1>Hello World</h1>
   </div>
 );
});
export default App;
```

【代码解析】

在这个示例中，我们通过 createRef 创建了一个 ref 对象，并将其传递给 HelloWorld 组件。在 HelloWorld 组件内部，使用 forwardRef 将 ref 绑定到最内层的元素上，这样在 App 组件中就可以通过 ref 获取 HelloWorld 组件的 h1 元素。

总结一下，虽然函数式组件没有实例方法，但通过 ref 和 forwardRef 的组合运用，依然可以轻松获取函数式组件中的 DOM 元素，实现需求。

6.8　受控组件与非受控组件

在 React 中，受控组件是指其值由 React 状态管理的组件。这意味着 React 组件具有对其值的完全控制权。当用户与受控组件交互时，其值将根据 React 状态的变化而更新。在受控组件中，通常会通过 React 的 setState()方法更新组件的状态，并将该状态传递给组件的 value 属性。因此，受控组件的值始终与 React 组件的状态保持同步。

受控组件的常见示例是<input>元素。当用户在输入框中输入文本时，React 组件的状态会相应地更新，从而实现输入框内容与 React 组件状态的同步。

与受控组件相反，非受控组件是指其值不受 React 状态的控制。在非受控组件中，组件的值由 DOM 元素本身管理。这意味着 React 组件无法控制非受控组件的值，而是需要直接通过 DOM API 操作。

非受控组件通常使用 ref 属性获取对 DOM 元素的引用，以获取或修改值。这种方式与传统的 DOM 操作方式更为接近，但不太符合 React 的数据驱动设计理念。

受控组件适用于需要将数据与 React 状态同步的场景，例如表单组件。而非受控组件适用于与第三方库或 DOM 操作结合的情况。

首先，观察一个非受控文本框组件的示例。

```jsx
import React, { Component } from 'react';
class UncontrolledInput extends Component {
  handleSubmit = (event) => {
    event.preventDefault();
    const inputValue = this.input.value;
    this.setState({ input: inputValue });
  };

  render() {
    return (
      <form onSubmit={this.handleSubmit}>
        <input ref={(input) => this.input = input} type="text" />
        <button type="submit">Submit</button>
      </form>
    );
  }
}
```

【代码解析】

在上面的例子中，我们创建了一个非受控文本框组件 UncontrolledInput，通过使用 ref 获取输入框的值，并在提交表单时将值保存到组件的 state 中。

接下来，再观察一个受控文本框组件的示例。

```jsx
import React, { Component } from 'react';
class ControlledInput extends Component {
  constructor(props) {
    super(props);
    this.state = {
      input: ''
    };
  }

  handleChange = (event) => {
    this.setState({ input: event.target.value });
```

```
};
handleSubmit = (event) => {
  event.preventDefault();
  // 可以在这里处理表单提交逻辑
};
render() {
  return (
    <form onSubmit={this.handleSubmit}>
      <input type="text" value={this.state.input} onChange=
{this.handleChange} />
      <button type="submit">Submit</button>
    </form>
  );
}
}
```

【代码解析】

在这个例子中，我们创建了一个受控文本框组件 ControlledInput，通过将输入框的值绑定到组件的 state 中，并在输入框内容改变时更新 state。以这种方式，React 会管理输入框的值，从而使其成为受控组件。

以上是一个简单的 React 表单元素处理方式，在实际开发中，可以根据具体的需求选择使用受控组件或非受控组件，以实现最佳的开发效果和用户体验。

6.9　Checkbox 受控表单组件应用

在 React 中，使用受控表单组件可以更好地控制表单元素的状态，而 Checkbox 组件则是其中的典型应用实例。下面通过两个案例详细讲解 Checkbox 组件的使用方法。

1. 案例一：是否同意协议

首先，创建一个名为 App 的组件，该组件包含一个 Checkbox 表单控件，用于表示用户是否同意协议，并且包含一个按钮。当用户单击按钮时，可以获取 Checkbox 的选中状态，示例代码如下。

```jsx
import React, { Component } from 'react';
class App extends Component {
```

```
state = {
  isAgree: false
};
handleCheckboxChange = (e) => {
  this.setState({ isAgree: e.target.checked });
};
render() {
  return (
    <div>
      <input
        type="checkbox"
        checked={this.state.isAgree}
        onChange={this.handleCheckboxChange}
      />
      <label>我同意协议</label>
      <button onClick={() => alert(this.state.isAgree ? '已同意' : '未同意')}>获取状态</button>
    </div>
  );
}
}
export default App;
```

【代码解析】

在上面的代码中，我们定义了一个 isAgree 状态以控制 Checkbox 的选中状态，并且通过 handleCheckboxChange()方法更新状态。当用户单击按钮时，会出现一个弹窗显示当前 Checkbox 的状态。

2. 案例二：多选案例

Checkbox 本身就是一个多选框。接下来，我们创建一个多选案例，例如用户选择喜欢的水果。示例代码如下。

```jsx
import React, { Component } from 'react';
class App extends Component {
  state = {
    fruits: [
      { name: 'apple', checked: false },
      { name: 'banana', checked: false },
```

```
      { name: 'orange', checked: false }
    ]
  };

  handleCheckboxChange = (e, index) => {
    const newFruits = [...this.state.fruits];
    newFruits[index].checked = e.target.checked;
    this.setState({ fruits: newFruits });
  };

  render() {
    return (
      <div>
        {this.state.fruits.map((fruit, index) => (
          <div key={index}>
            <input
              type="checkbox"
              checked={fruit.checked}
              onChange={(e) => this.handleCheckboxChange(e, index)}
            />
            <label>{fruit.name}</label>
          </div>
        ))}
        <button onClick={() => {
          const selectedFruits = this.state.fruits.filter(fruit =>
fruit.checked);
          alert(`你选择了: ${selectedFruits.map(fruit => fruit.name).join(',
')}`)
        }}>获取选中的水果</button>
      </div>
    );
  }
}

export default App;
```

【代码解析】

在上述代码中，我们使用数组存储水果信息，并通过 map()方法将每个水果呈现为一个 Checkbox。用户勾选喜欢的水果，然后单击按钮获取所有选中的水果名称。

6.10　Select 受控表单组件应用

本节讲解 Select 受控表单组件的应用，下面通过两个案例详细讲解 Select 组件的使用方法。

1. 案例一：Select 单选

首先，创建一个名为 App 的组件，该组件包含一个 Select 表单控件，用于表示用户下拉菜单进行选择，并且包含一个按钮。当用户单击按钮时，可以获取 Select 的选中内容，示例代码如下。

```jsx
import React, { useState } from 'react';
class App extends React.Component {
  constructor(props) {
    super(props);
    this.state = {
      selectedFruit: 'apple'
    };
  }
  handleSelectChange = (e) => {
    this.setState({ selectedFruit: e.target.value });
  };
  handleButtonClick = () => {
    console.log('Selected fruit: ', this.state.selectedFruit);
  };
  render() {
    return (
      <div>
        <select
value={this.state.selectedFruit}
onChange={this.handleSelectChange}>
        <option value="apple">Apple</option>
        <option value="banana">Banana</option>
        <option value="orange">Orange</option>
      </select>
      <button onClick={this.handleButtonClick}>Get Selected Fruit </button>
    </div>
  );
```

```
  }
}
export default App;
```
```

## 【代码解析】

在上面的代码中，我们定义了 selectedFruit 状态，用于控制 Select 的选中状态，并通过 handleSelectChange()方法更新该状态。当用户单击按钮时，会打印出当前 Select 的状态。

### 2. 案例二：将 Select 组件设置为可以多选

```jsx
import React, { useState } from 'react';
class App extends React.Component {
  constructor(props) {
    super(props);
    this.state = {
      selectedFruits: []
    };
  }

  handleSelectChange = (e) => {
    const selectedOptions = Array.from(e.target.selectedOptions, option =>
option.value);
    this.setState({ selectedFruits: selectedOptions });
  };

  handleButtonClick = () => {
    console.log('Selected fruits: ', this.state.selectedFruits);
  };

  render() {
    return (
      <div>
        <select multiple onChange={this.handleSelectChange}>
          <option value="apple">Apple</option>
          <option value="banana">Banana</option>
          <option value="orange">Orange</option>
        </select>
        <button
onClick={this.handleButtonClick}>Get Selected Fruits
</button>
      </div>
```
```

```
    );
  }
}
export default App;
```
```

【代码解析】

在 Select 下拉组件中添加 multiple 属性以支持多选功能。若选项允许多选，则在 state 中定义的 selectedFruits 必须是一个数组。

在 handleSelectChange 事件处理函数中，通过 selectedOptions 获取用户所选的下拉元素。需要注意的是，获取的值并非数组，因此需要通过 Array.from()方法将其转换为数组。

转换为数组后，可以提取出各个选项的 value 属性，并最终通过 this.setState()方法更新数据。

# 6.11　React 高阶组件

本节介绍 React 的高阶组件。在深入讲解高阶组件之前，我们先回顾一下 JavaScript 中的高阶函数。

### 1．高阶函数

高阶函数是指能够接收一个或多个函数作为输入，或者返回一个函数的函数。简而言之，只要一个函数满足以上条件，那么它就是高阶函数。

下面是一个简单的高阶函数示例代码。高阶函数 sayHelloTo 接收字符串参数 name 和函数参数 greetingFunction，并在调用时将 name 参数传递给 greetingFunction()函数。

```javascript
function sayHelloTo(name, greetingFunction) {
  return greetingFunction(name);
}

function greetingInEnglish(name) {
  return `Hello, ${name}!`;
}

console.log(sayHelloTo("Alice", greetingInEnglish)); // 输出：Hello, Alice!
```
```

【代码解析】

在这个示例中，sayHelloTo()函数可根据传递给它的不同 greetingFunction()函数，生成不同语言的问候语。

2. 高阶组件

高阶组件的英文全称为 higher-order components，简称 HOC。需要注意的是，高阶组件本身并不是组件，而是函数。该函数接收组件作为参数，并返回新组件，只有同时满足这两个条件的函数才称为高阶组件。

接下来，我们来编写一个简单的高阶组件示例。首先，新建一个名为 App 的类组件，在 App 组件中定义一个函数。该函数接收一个组件作为参数，并返回一个新组件，即另一个类组件。这样，就定义了一个高阶组件。

```jsx
import React from 'react';

class App extends React.Component {
  highOrderComponent(OriginalComponent) {
    return class NewComponent extends React.Component {
      render() {
        return <OriginalComponent {...this.props} />;
      }
    }
  }

  render() {
    // 将 Helloworld 组件传入高阶组件，即可对 Helloworld 组件进行数据拦截
    const EnhancedComponent = this.highOrderComponent(Helloworld);
    return <EnhancedComponent />;
  }
}

class Helloworld extends React.Component {
  render() {
    return <div>Hello, World!</div>;
  }
}

export default App;
```

【代码解析】

在上面的示例代码中，我们定义了一个高阶组件 highOrderComponent，它接收一个名为 OriginalComponent 的组件作为参数，并返回一个新组件 NewComponent。通过这个高阶组件，可以对传入的组件进行必要的处理或拦截。

在实际开发中，高阶组件是一种非常实用且强大的技术，可实现组件的逻辑复用、代码简化以及更好的抽象。

6.12　高阶组件的应用场景

在 6.11 节中，我们初步了解了高阶组件的概念。本节将探讨高阶组件的应用场景。第一个应用场景是对原始组件进行数据注入。举个例子，新建了一个名为 App 的类组件，以及 home 和 helloWorld 两个函数式组件。

我们的需求是定义一个高阶函数，将数据注入 home 组件和 helloWorld 组件中。通过高阶组件注入数据之后，在函数式组件内部就可以直接通过 props 使用这些数据。

需要注意的是，如果组件本身已经传入了属性，那么在高阶组件中需要将这些属性传递给返回的组件。示例代码如下。

```jsx
// 高阶组件
const withData = (WrappedComponent) => {
  return class extends React.Component {
    render() {
      return <WrappedComponent data={"这是注入的数据"} {...this.props} />;
    }
  };
};

// home 函数式组件
const Home = (props) => {
  return <div>{props.data}</div>;
};

// helloWorld 函数式组件
const HelloWorld = (props) => {
  return <div>{props.data}</div>;
};
```

```
// 在 App 组件中使用高阶组件注入数据
const HomeWithData = withData(Home);
const HelloWorldWithData = withData(HelloWorld);

class App extends React.Component {
  render() {
    return (
      <div>
        <HomeWithData />
        <HelloWorldWithData />
      </div>
    );
  }
}
```

【代码解析】

在上面的示例代码中，我们定义了一个高阶组件 withData，它接收一个组件作为参数，并返回一个新组件，并在新组件中注入了数据。然后，我们将 Home 和 HelloWorld 组件分别通过 withData 高阶组件包裹，实现了数据注入。

通过这种方式，可以更灵活地管理组件之间的数据传递，提高了代码的复用性和可维护性。高阶组件是 React 中非常强大且常用的概念，能更好地组织和管理组件，使代码更加优雅和高效。在实际项目开发中，合理运用高阶组件能为开发带来很大的便利。

6.13　高阶组件应用案例

本节介绍高阶组件的实际应用案例，以一个示例说明高阶组件的应用场景。假设我们需要根据用户是否已登录展示不同的页面内容，如果用户已登录，则展示订单列表页面；如果未登录，则展示登录页面。

首先，新建一个名为 App 的类组件。在 App 组件中嵌套 Order 组件和 Login 组件。在 App 组件的 state 中，定义一个名为 isLogin 的状态，其默认值为 false。当 isLogin 为 false 时，展示 Login 登录组件；当 isLogin 为 true 时，展示 Order 订单组件。

接下来，我们使用高阶组件实现上述示例。高阶组件的作用是先获取 token，根据 token 的值返回相应的组件。示例代码如下。

```jsx
import React, { Component } from 'react';

const withAuthentication = (WrappedComponent) => {
  return class extends Component {
    state = {
      token: ''
    }

    componentDidMount() {
      // 模拟获取 token 的过程
      const token = localStorage.getItem('token');
      this.setState({ token });
    }

    render() {
      const { token } = this.state;

      // 如果 token 存在，则渲染被包裹的组件，否则返回 null
      return token ? <WrappedComponent /> : null;
    }
  };
};

const Order = () => {
  return <div>订单列表页面</div>;
};

const Login = () => {
  return <div>登录页面</div>;
};

const OrderComponent = withAuthentication(Order);
const LoginComponent = withAuthentication(Login);

class App extends Component {
  render() {
    return (
      <div>
        <h1>高阶组件示例</h1>
        <OrderComponent />
        <LoginComponent />
      </div>
```

```
      );
    }
}

export default App;
```
```

【代码解析】

在上面的示例代码中，我们定义了一个名为 withAuthentication 的高阶组件，该高阶组件在组件挂载时获取 token，并根据 token 的值决定展示哪个组件。这样，我们可以轻松实现根据用户登录状态展示不同页面的功能，这展示了高阶组件在实际应用中的强大作用。

# 6.14　Portals 的应用

React 中的 Portals 是一项非常实用的功能，它支持将组件中的内容渲染到 DOM 树的任意位置。默认情况下，React 组件的内容都被渲染到根元素，即 index.html 中的 root 元素。但通过使用 Portals，可以将组件中的元素渲染到根元素之外的位置，这为用户提供了更大的灵活性和控制力。

举个例子，假设有一个类组件 App，在该组件中渲染了一个 h1 和一个 h2 元素。需求是将 h1 挂载到 index.html 中的 root 类元素中，同时将 h2 挂载到 content 类元素中。那么，如何实现呢？

首先，需要导入 createPortal()方法。createPortal()的第一个参数是要挂载的内容，第二个参数是要挂载的目标位置。示例代码如下。

```javascript
import React from 'react';
import { createPortal } from 'react-dom';

class App extends React.Component {
  render() {
    return (
      <>
        {createPortal(<h1>Hello, World!</h1>, document.getElementById
('root'))}
        {createPortal(<h2>Welcome to my website!</h2>, document.
getElementById('content'))}
      </>
```
```

```
    );
  }
}

export default App;
```

【代码解析】

在这段代码中，我们使用 createPortal() 方法将 h1 和 h2 元素分别挂载到了指定的位置。通过这种方式，可以更加灵活地控制组件中元素的挂载位置，实现更加个性化的页面效果。

注意，上述代码中的"<></>"是 Fragment 的简写，用于包裹多个子元素而无须添加额外的 DOM 元素。可以将其理解为一个轻量级的包裹元素，用于将多个元素组合在一起而不影响 DOM 结构。

总之，Portals 为 React 开发者提供了一种更加灵活、强大的组件渲染方式，可以轻松地控制组件中元素的挂载位置，给用户提供更加优秀的视觉体验。

6.15　Fragment 组件

在 React 中，Fragment 是一种特殊的组件，它可以在不额外创建 DOM 节点的情况下，将多个子组件组合在一起。使用 Fragment 能够更高效地组织和管理组件树。本节将从 Fragment 的概念、使用场景以及示例代码等方面入手，带领读者深入了解 Fragment。

1. Fragment 的概念

Fragment 是 React 提供的一种特殊的组件，它支持在不添加多余节点的情况下，将多个子节点进行分组。通常情况下，React 要求组件必须返回一个根节点，但是使用 Fragment 后，我们可以返回多个相邻的元素而无须将它们包裹在额外的节点中。这有助于减少 DOM 层级，提高渲染性能。

2. Fragment 的使用场景

Fragment 在很多场景下都能够发挥作用。一种常见的情况是，当需要在一个组件中返回多个元素时，但又不想添加额外的包裹元素时，就可以使用 Fragment。此外，当需要动态生成一组子组件时，使用 Fragment 也可以更便捷地管理这些子组件。

接下来，我们通过一个简单的示例演示 Fragment 的使用，示例代码如下。

```
const MyList = () => {
  return (
    <Fragment>
      <li>苹果</li>
      <li>香蕉</li>
      <li>橘子</li>
    </Fragment>
  );
};

const App = () => {
  return (
    <div>
      <h1>水果列表</h1>
      <ul>
        <MyList />
      </ul>
    </div>
  );
};
export default App;
```

【代码解析】

在上面的示例代码中，MyList 组件返回了多个<li>元素，并使用 Fragment 将它们包裹起来，而在 App 组件中则直接调用 MyList 组件展示水果列表。这样可以避免在 MyList 组件外部增加额外的 DOM 结构。

Fragment 还提供了一个语法糖，支持省略标签名，示例代码如下。

```
const MyList = () => {
  return (
    < >
      <li>苹果</li>
      <li>香蕉</li>
      <li>橘子</li>
    </ >
  );
};
```

在实际开发中，合理运用 Fragment 可以更清晰地编写组件，提高代码的可读性和可维护性。

第 7 章
React 动画及 CSS 样式

React.js 作为一款领先的前端框架，不仅提供了强大的组件化开发能力，还带来了无限可能的动画效果。本章将深入探讨 React 中的动画及 CSS 样式相关内容，让你轻松驾驭各种炫酷的界面交互。

首先，我们介绍 react-transition-group 动画库，这是一个专门为 React 设计的动画库，通过它可以轻松实现各种动画效果，如淡入淡出、滑动等，让页面变得更加生动有趣。

接着，我们将深入学习 CSSTransition 生命周期函数，探讨如何在动画的各个阶段添加自定义逻辑，以实现更精准和个性化的动画效果。

此外，SwitchTransition 动画和 TransitionGroup 动画也是本章的重点内容，SwitchTransition 支持在组件间切换时添加过渡效果，而 TransitionGroup 则可以使得多个元素同时发生动画效果，为页面增添更多互动感。

最后，我们还将深入研究在 React 中如何引入 CSS，通过灵活运用 CSS，打造更加美观和符合用户体验的界面设计，让你的 React 应用焕发全新的风采。

7.1　react-transition-group 动画库

在网页应用中，动画是不可或缺的元素。在 React 开发中同样如此，为了增强页面的生动性和交互体验，需要加入动画元素。React 社区提供了丰富的工具和资源，其中包括 react-transition-group 库，它用于实现各种动画效果，帮助开发者轻松实现元素的入场和离场动画。

接下来，我们学习如何使用 react-transition-group 库实现一个简单而生动的位移动画效果。首先，在项目中安装 react-transition-group 库，命令如下。

```
npm install react-transition-group
```

安装完成后，我们就可以开始实现下面的案例。通过单击按钮控制元素的显示和隐藏，示例代码如下。

```jsx
import React, { Component } from 'react';
import { CSSTransition } from 'react-transition-group';
import './App.css'; // 引入 CSS 文件

class App extends Component {
  state = {
    showElement: false
  }

  toggleElement = () => {
    this.setState(prevState => ({
      showElement: !prevState.showElement
    }));
  }

  render() {
    return (
      <div>
        <button onClick={this.toggleElement}>Toggle Element</button>
        <CSSTransition
          in={this.state.showElement}
          timeout={300}
          classNames="element"
          unmountOnExit
        >
          <div className="box">Animated Element</div>
        </CSSTransition>
      </div>
    );
  }
}

export default App;
```

【代码解析】

在上面的案例中，我们新建了一个名为 App 的函数组件，在组件内部通过按钮控制元素的显示和隐藏。我们利用 CSSTransition 组件实现了简单的位移动画效果。在 CSSTransition 中，in 属性用来控制元素的显示和隐藏状态，timeout 属性定义了动画执行的时间，classNames 属性指定了在不同的状态下应用的 css 类名，unmountOnExit 属性表示在动画结束后卸载组件。

在实现这个案例之前，我们需要在项目中创建一个名为 styles.css 的样式文件，用于定义动画效果的 CSS 样式。

```css
.element {
  transition: all 0.3s;
}

.element-enter,
.element-appear {
  opacity: 0;
  transform: translateX(-100%);
}

.element-enter-active,
.element-appear-active {
  opacity: 1;
  transform: translateX(0);
}

.element-exit {
  opacity: 1;
  transform: translateX(0);
}

.element-exit-active {
  opacity: 0;
  transform: translateX(100%);
}
```

【代码解析】

通过以上代码，我们成功实现了简单的位移动画效果。当单击按钮时，元素会以从左向右的位移动画效果显示或隐藏。这个例子展示了如何利用 react-transition-group 库和 CSS 轻松实现动画效果，使你的 React 应用更加生动有趣。

7.2　CSSTransition 生命周期函数

本节介绍 CSSTransition 组件的生命周期函数。CSSTransition 是 React Transition Group 提供的组件，它可以在元素进入或离开 DOM 时，通过添加和移除 CSS 类名来实现动画效果。在 CSSTransition 中，有三个重要的生命周期函数，分别是 onEnter()、onEntering() 和 onEntered()。

1. onEnter()

当动画准备进入时，会触发 onEnter() 函数。可以在该函数中定义元素进入动画之前的操作，例如设置初始状态。

下面是一个简单示例代码。

```jsx
<CSSTransition
  classNames="fade"
  onEnter={(node, isAppearing) => {
    // 动画进入前的操作，例如设置初始状态
    node.style.opacity = 0;
  }}
>
  {content}
</CSSTransition>
```

2. onEntering()

当动画正在进行时，会触发 onEntering() 函数。可以在该函数中定义动画进行时的操作，例如设置过渡效果。

下面是一个简单示例代码。

```jsx
<CSSTransition
  classNames="fade"
  onEntering={(node, isAppearing) => {
    // 动画进行中的操作，例如设置过渡效果
    node.style.transition = 'opacity 0.5s';
    node.style.opacity = 1;
  }}
>
```

```
    {content}
  </CSSTransition>
  ```
```

### 3. onEntered()

当进入动画完成后，会触发 onEntered()函数。可以在该函数中定义动画完成后的操作，例如清理状态或执行其他动作。

下面是一个简单示例代码。

```jsx
<CSSTransition
  classNames="fade"
  onEntered={(node, isAppearing) => {
    // 动画完成后的操作，例如清理状态
    node.style.transition = '';
    node.style.opacity = 1;
  }}
>
  {content}
</CSSTransition>
```

以上是对 CSSTransition 组件的三个生命周期函数的介绍，通过这些函数，可以在元素进入时实现动画效果的细致控制。

7.3　SwitchTransition 动画

本节介绍 SwitchTransition 动画的应用，该动画通常用于实现两个组件之间的切换效果。

首先，我们通过一个案例演示 SwitchTransition 的具体应用。新建一个名为 App 的类组件，该组件内部包含一个按钮，按钮的文本内容会在单击时进行切换，初始状态默认显示为"登录"。为了实现这一效果，在组件的 state 中定义一个布尔类型的变量 isLogin，用于控制按钮文本的显示内容。

示例代码如下。

```jsx
import React, { Component } from 'react';
import { SwitchTransition, CSSTransition } from 'react-transition-group';
import './App.css';
```
```

```
class App extends Component {
  constructor(props) {
    super(props);
    this.state = {
      isLogin: true
    };
  }

  toggleLogin = () => {
    this.setState(prevState => ({
      isLogin: !prevState.isLogin
    }));
  }

  render() {
    return (
      <div className="app">
        <SwitchTransition mode="out-in">
          <CSSTransition
            key={this.state.isLogin ? "login" : "logout"}
            classNames="fade"
            timeout={300}
          >
            <button onClick={this.toggleLogin}>
              {this.state.isLogin ? "登录" : "退出"}
            </button>
          </CSSTransition>
        </SwitchTransition>
      </div>
    );
  }
}

export default App;
```

【代码解析】

在上述代码中，我们先引入了 React 以及 SwitchTransition 和 CSSTransition 组件。在
App 组件中，设置初始状态 isLogin 为 true，表示按钮初始显示为"登录"状态。当用户单
击按钮时，会触发 toggleLogin()方法，改变 isLogin 的状态，从而实现登录和退出按钮文本
的切换。

为了使用 SwitchTransition 的动画效果，我们在 CSSTransition 组件中设置了相关参数，如 key、classNames 和 timeout。这些参数用于定义切换动画的关键信息，同时也需要与相关联的 CSS 样式文件配合，以实现动画的具体效果。

通过以上示例，我们展示了 SwitchTransition 动画在 React 中的应用，通过简单的代码实现了按钮文本的切换效果，并为用户提供了流畅且优雅的切换体验。

7.4　TransitionGroup 动画

TransitionGroup 是 React 官方提供的用于实现动画效果的组件，用于为组件的进出场动画提供支持。通常情况下，我们会结合 CSSTransition 一起使用，以实现各种炫酷的动画效果，TransitionGroup 一般用于列表动画。

TransitionGroup 是包裹在 CSSTransition 组件外部的容器组件，用于管理 CSSTransition 组件的动画状态。它接收一个子元素（通常是 CSSTransition）的列表作为子组件，并根据子元素的进出状态（如进入、退出）触发相应的动画效果。TransitionGroup 主要通过在子元素列表中添加 key 属性来实现动画效果的管理。

TransitionGroup 通常适用于实现列表项动态增减时的动画效果，例如在购物车中添加或删除商品时，可以使用 TransitionGroup 优雅地展示过渡效果。除此之外，TransitionGroup 也适用于需要对一组 DOM 元素进行动画控制的场景，使页面显示更加流畅和美观。

接下来，我们通过一个实际的应用案例演示 TransitionGroup 的使用。我们首先在 state 中定义一个水果数组，然后将其渲染出来，并在每个水果后面附带添加和删除按钮。当用户单击“添加”按钮时，会添加一个新的水果，并使用 TransitionGroup 为列表添加动画；当用户单击“删除”按钮时，会删除对应的水果并加上删除动画效果。

```jsx
import React, { Component } from 'react';
import { TransitionGroup, CSSTransition } from 'react-transition-group';
import './styles.css';

class FruitList extends Component {
  state = {
    fruits: ['Apple', 'Orange', 'Banana']
  };

  addFruit = () => {
    const newFruit = prompt('Enter a new fruit:');
```

```
      this.setState({ fruits: [...this.state.fruits, newFruit] });
  }

  removeFruit = (index) => {
    const newFruits = [...this.state.fruits];
    newFruits.splice(index, 1);
    this.setState({ fruits: newFruits });
  }

  render() {
    return (
      <div>
        <button onClick={this.addFruit}>Add Fruit</button>
        <TransitionGroup>
          {this.state.fruits.map((fruit, index) => (
            <CSSTransition key={index} timeout={500} classNames="item">
              <div>
                {fruit}
                <button onClick={() => this.removeFruit(index)}>
Remove</button>
              </div>
            </CSSTransition>
          ))}
        </TransitionGroup>
      </div>
    );
  }
}

export default FruitList;
```

【代码解析】

在上述代码中，我们利用 TransitionGroup 和 CSSTransition 实现了对水果列表的动画
管理。通过在 styles.css 文件中定义 CSS 样式，为列表的添加和删除过程添加了动画效果，
使页面呈现出更加生动的展示效果。

CSS 动画样式如下。

```css
.item-enter {
  opacity: 0;
```

```
}

.item-enter-active {
  opacity: 1;
  transition: opacity 500ms;
}

.item-exit {
  opacity: 1;
}

.item-exit-active {
  opacity: 0;
  transition: opacity 500ms;
}
```

通过这个实例，我们展示了如何结合 TransitionGroup 和 CSSTransition 组件创建流畅的动画效果，使用户的操作更具有交互性和视觉吸引力。在实际开发中，可以根据需要调整动画效果的样式和持续时间，从而实现更加个性化的交互界面。

7.5　在 React 中如何引入 CSS

在 React 开发中，CSS 的编写方式异常灵活，本节将介绍在 React 中如何巧妙运用 CSS。在 React 中，有五种主要的方式为应用程序添加 CSS 样式，分别是内联式 CSS、普通 CSS 文件引入、CSS Module、CSS in JS 以及使用 classname 库。无论你是初学者还是有经验的开发者，本节都将为你揭开 React 中 CSS 神秘的面纱。

7.5.1　内联式 CSS

React 中的内联样式是一种操作简单且官方推荐的 CSS 样式写法。使用内联样式时，我们将样式定义在一个对象中，而不是作为 CSS 字符串。这种写法支持将属性值定义到组件的 state 中，从而实现动态样式的改变。

内联样式的优点主要有两个方面。首先，内联样式的内容样式不会产生冲突问题，这使得样式管理变得更加简单。其次，我们可以轻松地动态获取组件 state 中的状态，从而实现样式的动态变化。

我们通过示例演示内联样式的用法。新建一个名为 App 的类组件，在该组件中，返回一个<div>元素和一个按钮。需求是每次单击按钮时，使<div>元素的宽度和高度分别增加10px。

下面是使用内联样式实现上述需求的示例代码。

```jsx
import React, { Component } from 'react';

class App extends Component {
  constructor(props) {
    super(props);
    this.state = {
      width: 100,
      height: 100
    };
  }

  handleButtonClick = () => {
    this.setState({
      width: this.state.width + 10,
      height: this.state.height + 10
    });
  }

  render() {
    const { width, height } = this.state;

    const divStyle = {
      width: `${width}px`,
      height: `${height}px`,
      backgroundColor: 'lightblue'
    };

    return (
      <div>
        <div style={divStyle}></div>
        <button onClick={this.handleButtonClick}>增加宽高</button>
      </div>
    );
  }
}
```

```
export default App;
```

【代码解析】

在上面的示例代码中，我们首先定义了一个 App 组件，其中包含了一个初始宽度和高度均为 100px 的<div>元素和一个标记为"增加宽高"的按钮。当单击该按钮时，通过 handleButtonClick()方法更新 state 中的宽度和高度值，从而实现<div>元素宽度和高度的动态增加。

通过这个示例，我们展示了如何在 React 中使用内联样式实现动态改变样式。内联样式的简洁易用使用户能够更灵活地处理样式，同时避免样式冲突问题。

7.5.2　CSS 文件引入

第二种 CSS 引入方式是将 CSS 代码保存到一个单独的 CSS 文件中。这种形式与普通网站中的 CSS 编写方式类似，但其缺点是文件引入没有独立的作用域，样式都是全局的，可能会导致样式冲突问题。

接下来，我们通过案例演示冲突问题。

首先，新建一个名为 App 的组件，该组件返回一个<div>元素。示例代码如下。

```js
// App.js
import React from 'react';
import './style.css'; // 引入样式文件

const App = () => {
  return (
    <div className="app-container">
      Hello, world!
    </div>
  );
}

export default App;
```

接着，新建一个名为 style.css 的样式文件，用于控制<div>元素的样式，示例代码如下。

```css
/* style.css */
.app-container {
```

```
 background-color: lightblue;
 padding: 20px;
}
```
```

然后，新建一个名为 Home 的组件，用于演示样式冲突问题，示例代码如下。

```js
// Home.js
import React from 'react';
import './style.css'; // 引入样式文件（注意：这里是同一个样式文件）

const Home = () => {
  return (
    <div className="app-container">
      Welcome to the homepage!
    </div>
  );
}

export default Home;
```

【代码解析】

在上面的代码中，我们在 Home 组件中同样引入了 style.css 样式文件，由于全局样式的特性，导致 Home 组件中的样式与 App 组件中的样式产生了冲突。

当在应用中使用多个组件，并且这些组件引用同一个 CSS 文件时，全局样式可能会导致样式冲突问题。在演示案例中，App 组件和 Home 组件共享同一个 style.css 样式文件，导致它们的样式产生了冲突。

为了解决样式冲突问题，可以考虑使用 CSS 模块化等技术，在 React 中更好地管理和应用样式。

7.5.3　CSS Module

在 React 中，为了解决样式冲突问题，可以采用 CSS Module 管理样式。CSS Module 是一种应用方法，使用起来非常简单。React 已经配置好了 CSS Module，只需要将.css 文件修改成.module.css 文件即可使用。

接下来，我们通过案例演示 CSS Module 的应用。

首先，新建一个名为 App 的组件，并让它返回一个<div>元素。然后，新建一个名为 style.module.css 的文件，用来设置<div>元素的样式。
```

下面是案例的代码。

```jsx
// App.js
import React from 'react';
import styles from './style.module.css';

const App = () => {
  return (
    <div className={styles.container}>
      <h1>Hello, CSS Module!</h1>
    </div>
  );
}

export default App;
```

```css
/* style.module.css */
.container {
  background-color: #f0f0f0;
  padding: 20px;
  border-radius: 5px;
}

h1 {
  color: blue;
}
```

【代码解析】

在上述代码中，我们在 App.js 文件中引入了 style.module.css 文件，并通过 styles. container 应用样式。这样，就成功实现了对<div>元素样式的模块化管理。

CSS Module 的好处在于可以避免全局样式污染，提高了样式文件的可维护性和可复用性。通过简单的文件命名规范，就能轻松管理组件样式，使代码更清晰、更易读。

7.5.4 CSS in JS

在 React 中，CSS in JS 通常由第三方库提供，如 styled-components。通过这种方式，可以直接将样式代码写入 JavaScript 代码中，而无须再单独创建外部的 CSS 文件，这使得管理样式变得更加方便，还能轻松地根据 JavaScript 中定义的状态动态更改样式。

本节介绍如何使用 styled-components 库实现 CSS in JS。首先，确保已经安装了 styled-components 库。如果没有安装请运行以下指令进行安装。

```
npm install --save styled-components
```

接下来，我们通过示例演示 styled-components 的基本用法。

首先，新建一个 React 组件，命名为 App，并在组件中返回几个<div>元素。示例代码如下。

```jsx
import React from 'react';
const App = () => {
  return (
    <div>
      <div>This is the first div element</div>
      <div>This is the second div element</div>
      <div>This is the third div element</div>
    </div>
  );
}
export default App;
```

接下来，新建一个名为 style.js 的文件，并在其中引入 styled-components 库。然后，定义一个名为 StyledDiv 的组件，并编写样式代码。示例代码如下。

```jsx
import styled from 'styled-components';
const StyledDiv = styled.div`
  background-color: #f0f0f0;
  color: #333;
  padding: 20px;
  margin: 10px;
  border-radius: 5px;
`;
export default StyledDiv;
```

【代码解析】

在上述代码中，我们使用 styled.div()方法创建了一个名为 StyledDiv 的组件，该组件具有特定的样式，包括背景色、文字颜色、内边距、外边距和边框圆角等样式属性。

最后，在 App 组件中引入 style.js 文件，并在其中使用 StyledDiv 组件替代原有的<div>

元素，代码如下。

```jsx
import React from 'react';
import StyledDiv from './style';
const App = () => {
  return (
    <div>
      <StyledDiv>This is the first styled div element</StyledDiv>
      <StyledDiv>This is the second styled div element</StyledDiv>
      <StyledDiv>This is the third styled div element</StyledDiv>
    </div>
  );
}

export default App;
```

通过以上步骤，我们成功地使用 styled-components 库实现了 CSS in JS，将样式直接写入 JavaScript 代码中，并在 React 组件中引用这些具有样式的组件，实现了页面样式的动态管理和定制。styled-components 提供了一种便捷、简洁的方式来处理样式，使得 React 项目的样式开发更加高效和灵活。

7.5.5　styled-components 的数据传递和动态样式设置

在 React 开发中，使用 styled-components 可以方便地进行数据传递，从而实现动态样式设置。以在 App 类组件中定义几个样式数据为例，直接通过属性赋值的方式将样式数据传递给 styled-components 组件。在 styled-components 组件中，可以通过${props => props.} 的形式获取传递过来的样式数据。

接下来，我们通过示例演示如何使用 styled-components 实现单击按钮修改文本颜色的效果。首先，在 styled-components 中设置默认颜色为蓝色，这样如果单击按钮时未传入其他值，文字将显示为蓝色。然后，通过单击按钮时传入不同的颜色值，实现动态修改文本颜色的效果。

```jsx
import React from 'react';
import styled from 'styled-components';

const Text = styled.p`
```

```
  color: ${props => props.color || 'blue'};
`;

class App extends React.Component {
  constructor(props) {
    super(props);
    this.state = {
      textColor: 'blue'
    };
  }

  handleClick = () => {
    const newColor = this.state.textColor === 'blue' ? 'red' : 'blue';
    this.setState({ textColor: newColor });
  }

  render() {
    return (
      <div>
        <button onClick={this.handleClick}>Change Color</button>
        <Text color={this.state.textColor}>Hello, Styled-components!</Text>
      </div>
    );
  }
}

export default App;
```

【代码解析】

在这个示例中，我们定义了一个 Text 组件，并通过 props 传递 color 属性。color 属性可以接收父组件传递的颜色值。在 App 组件中，我们通过按钮的单击事件切换文本颜色，并且在 Text 组件中使用 color 属性改变文本的颜色。

这样，我们就通过 styled-components 实现了单击按钮修改文本颜色的效果。当单击按钮时，文本颜色会在蓝色和红色之间循环切换。如果不单击按钮，文本颜色将保持蓝色。

通过这种方式，我们可以灵活地使用 styled-components 动态改变组件样式，使应用更加具有交互性和吸引力。

7.5.6　添加 class 属性

在 React 组件中，可以采用不同的方式添加 class 属性，和 Vue 中的操作略有不同。我们介绍三种在 React 组件中添加 class 属性的方式。

首先，使用普通对象形式添加 class 属性，示例代码如下。

```javascript
import React from 'react';
class ClassExample1 extends React.Component {
  render() {
    const activeClass = true;

    return (
      <div className={{ active: activeClass }}>
        Example using object form
      </div>
    );
  }
}

export default ClassExample1;
```

【代码解析】

在上面的例子中，我们使用了对象形式动态添加 class 属性。当 activeClass 的值为 true 时，元素将具有名为 active 的类。

接下来，我们尝试使用数组形式添加 class 属性，示例代码如下。

```javascript
import React from 'react';

class ClassExample2 extends React.Component {
  render() {
    const activeClass = true;

    return (
      <div className={['container', activeClass ? 'active' : '']}>
        Example using array form
      </div>
    );
  }
}

export default ClassExample2;
```

【代码解析】

在这个示例中，我们利用数组的形式设置 class 属性。当 activeClass 的值为 true 时，元素将添加 container 和 active 类。

最后，我们尝试使用第三方库 classnames 添加 class 属性，示例代码如下。

```javascript
import React from 'react';
import classNames from 'classnames';

class ClassExample3 extends React.Component {
  render() {
    const activeClass = true;

    return (
      <div className={classNames('container', { active: activeClass })}>
        Example using classnames library
      </div>
    );
  }
}

export default ClassExample3;
```

【代码解析】

在这个案例中，通过使用 classnames 库可以更加简洁地管理和设置 class 属性。classnames 库支持使用普通对象的形式指定哪些类应该被添加到元素上。

注意，在项目中首次使用 classnames 库时，需要先进行安装，安装命令如下。

```
npm install classnames
```

总结一下，React 提供了多种动态添加 class 属性的方式，无论是使用普通对象、数组形式，还是 classnames 库，都可以灵活地控制组件的样式。

第 8 章
Redux

在 React.js 中，Redux 是不可或缺的重要部分。Redux 是一种可预测的状态容器，通过提供可预测性的状态管理，帮助开发者更有效地组织和管理 React 应用中的数据流。本章将深入探讨 Redux 的核心概念和应用。

首先，我们将从 Redux 的简介开始，介绍 Redux 的基本概念和核心原则，帮助读者建立对 Redux 的整体认识。然后，我们将讨论 Redux 中的订阅与取消订阅机制，让读者了解如何监听状态变化并做出相应处理。

在接下来的内容中，我们将学习如何调用函数生成 action 对象，这是 Redux 中非常重要的一环，它帮助我们派发不同的动作以更新应用状态。我们将深入研究 react-redux 库的应用，展示如何将 Redux 和 React 结合起来，实现一个完整的数据流管理系统。

此外，本章还涉及 Redux 处理异步请求数据的方法，介绍如何使用 redux-thunk 中间件处理异步操作，保证数据的流畅更新。我们还会探讨 Redux 模块拆分的重要性和实践方法，帮助读者更好地组织大型项目中的 Redux 代码结构。

总的来说，本章将带领读者深入了解和应用 Redux，掌握 Redux 在构建 React 应用中的重要作用，帮助开发者更高效地管理状态，提升应用的可维护性和扩展性。

8.1　Redux 简介

React 是前端开发中非常流行的 JavaScript 库，用于构建交互式用户界面。Redux 则是一种用于管理应用状态的库，它能使应用更易于开发、测试和维护。本节将深入探讨 Redux，并创建一个简单的示例演示其基本用法。

首先，我们介绍 Redux 是什么以及为什么需要学习它。Redux 主要用于状态管理，它的核心思想是通过一个仓库（store）来存储应用的数据，并使用 action 更新数据。通过 reducer，我们可以将应用的状态和操作联系在一起。Reducer 是一个纯函数，它接收当前的 state 和 action，然后生成一个新的 state。

　　现在，我们创建一个简单的 Redux 示例。假设我们有一个计数器应用，用户可以单击按钮增加或减少计数器的数值。首先，我们需要安装 Redux 库。

```bash
npm install redux
```

然后，我们创建一个 Redux store，并定义一个 reducer()函数来处理不同的 action。

```javascript
// 引入 redux
const Redux = require('redux');

// 定义 reducer()函数
const counterReducer = (state = 0, action) => {
  switch (action.type) {
    case 'INCREMENT':
      return state + 1;
    case 'DECREMENT':
      return state - 1;
    default:
      return state;
  }
};

// 创建 Redux store
const store = Redux.createStore(counterReducer);

// 打印初始状态
console.log(store.getState());

// 发起 INCREMENT action
store.dispatch({ type: 'INCREMENT' });

// 打印增加后的状态
console.log(store.getState());

// 发起 DECREMENT action
store.dispatch({ type: 'DECREMENT' });

// 打印减少后的状态
console.log(store.getState());
```

【代码解析】

在上面的示例代码中，我们定义了一个简单的计数器 reducer，根据 action 的类型来增加或减少 state 的值。然后，我们使用 Redux 的 createStore() 函数创建了一个 store，并通过 dispatch() 方法分发不同类型的 action 来更新状态。

8.2　Redux 订阅与取消订阅

在使用 React 进行开发时，经常需要监听状态的变化并做出相应的处理。而在传统的做法中，可能需要手动调用 getState() 方法获取最新的状态。但是，Redux 通过 store.subscribe() 方法进行订阅，提供了更便捷的方式实现状态监听，一旦状态发生变化就会触发相应的回调函数。

下面，通过一个简单的案例演示 Redux 中的订阅与取消订阅的操作。

首先，需要创建一个 Redux 的 store，用于管理应用的状态，示例代码如下。

```javascript
import { createStore } from 'redux';

// 初始状态
const initialState = {
  count: 0
};

// reducer()函数
const reducer = (state = initialState, action) => {
  switch(action.type) {
    case 'INCREMENT':
      return {
        ...state,
        count: state.count + 1
      };
    case 'DECREMENT':
      return {
        ...state,
        count: state.count - 1
      };
    default:
      return state;
  }
}
```

```
};

// 创建 store
const store = createStore(reducer);
```

接下来，定义一个订阅函数，用于监听状态的变化并输出最新的状态信息。

```javascript
const unsubscribe = store.subscribe(() => {
  const currentState = store.getState();
  console.log('Current state:', currentState);
});
```

现在，我们可以通过 dispatch()方法分发一些 action，从而改变状态并触发订阅函数中的回调。

```javascript
store.dispatch({ type: 'INCREMENT' });
store.dispatch({ type: 'INCREMENT' });
store.dispatch({ type: 'DECREMENT' });
```

在执行上述代码后，你会发现控制台输出了每次状态变化后的最新状态信息。

最后，如果想要取消订阅，可以调用之前定义的 unsubscribe()函数。

```javascript
unsubscribe();
```

通过以上案例，我们演示了如何在 Redux 中实现订阅与取消订阅的操作，这一特性能更加便捷地管理状态的变化，并及时做出相应的更新。

8.3　调用函数生成 action 对象

Redux 提供了一种便捷的方式来处理状态管理，但当涉及多个 action 时，需要考虑如何更加优雅地生成 action 对象。下面通过一个简单的示例展示如何调用函数生成 action 对象。

首先，我们来看一个示例，以下是一个简单的 Redux 程序，实现了加一和减一操作。

```javascript
```

```
// actions.js
const increment = () => {
  return { type: 'INCREMENT' };
};

const decrement = () => {
  return { type: 'DECREMENT' };
};

// reducer.js
const counterReducer = (state = 0, action) => {
  switch (action.type) {
    case 'INCREMENT':
      return state + 1;
    case 'DECREMENT':
      return state - 1;
    default:
      return state;
  }
};

// store.js
const { createStore } = Redux;
const store = createStore(counterReducer);

store.dispatch(increment());
store.dispatch(decrement());
```

【代码解析】

在上面的示例代码中，我们定义了两个 action 生成函数，分别是 increment()和 decrement()，然后在 reducer 中根据 action 的 type 来进行状态的修改。

为了提升代码的可维护性，我们可以将 action 和 reducer 分别抽离为单独的文件。以下是对应的示例代码。

actions.js 的示例代码如下。

```javascript
// actions.js
export const increment = () => {
  return { type: 'INCREMENT' };
};

export const decrement = () => {
```

```
  return { type: 'DECREMENT' };
};
```

reducer.js 的示例代码如下。

```javascript
// reducer.js
const counterReducer = (state = 0, action) => {
  switch (action.type) {
    case 'INCREMENT':
      return state + 1;
    case 'DECREMENT':
      return state - 1;
    default:
      return state;
  }
};

export default counterReducer;
```

现在，我们可以将上述示例代码分别保存在 actions.js 和 reducer.js 文件中。在主文件中引入这两个文件即可进行调用。

```javascript
// index.js
import { createStore } from 'redux';
import counterReducer from './reducer';
import { increment, decrement } from './actions';
const store = createStore(counterReducer);
store.dispatch(increment());
store.dispatch(decrement());
```

通过以上示例，我们展示了如何利用函数生成 action 对象，并将 reducer 单独抽离到文件中，使得代码结构清晰、易于维护。

8.4　react-redux 库的应用

Redux 是一个功能强大的状态管理工具，可以帮助我们更好地管理应用状态。但是当多个页面需要共享数据时，往往会出现代码重复问题。这时，我们可以借助 react-redux 库来解决这个问题。

　　下面来看一个简单的案例，通过 react-redux 中的 connect()方法实现加一和减一的功能。假设我们在 Redux 的 store 中定义了一个默认数字，然后在一个名为 App 的组件中嵌套了两个子组件，一个用来实现加一操作，另一个用来实现减一操作，同时这两个子组件都需要实时显示当前的数字。我们可以通过 connect()方法轻松实现这个案例。

　　首先，需要安装 react-redux 和 redux 两个库。

```bash
npm install react-redux redux
```

接下来，在 Redux 的 store 中定义默认的数字和相应的 reducer。

```jsx
// store.js
import { createStore } from 'redux';

const initialState = {
  number: 0
}

const reducer = (state = initialState, action) => {
  switch (action.type) {
    case 'INCREMENT':
      return { number: state.number + 1 };
    case 'DECREMENT':
      return { number: state.number - 1 };
    default:
      return state;
  }
}

const store = createStore(reducer);
export default store;
```

然后，在 App 组件中引入 react-redux，并通过 connect()方法将子组件与 Redux 中的状态进行连接。

```jsx
// App.js
import React from 'react';
```

```
import { connect } from 'react-redux';
import store from './store';

class App extends React.Component {
  render() {
    return (
      <div>
        <h1>{this.props.number}</h1>
        <IncrementButton />
        <DecrementButton />
      </div>
    );
  }
}

const mapStateToProps = (state) => {
  return {
    number: state.number
  }
}

const ConnectedApp = connect(mapStateToProps)(App);
export default ConnectedApp;
```

【代码解析】

在上面的代码中，我们定义了一个名为 App 的 React 组件，并通过 mapStateToProps()
函数将 Redux 中的 number 状态映射到组件的 props 中。然后使用 connect()方法将 App 组
件与 Redux 中的状态连接起来，最后通过<ConnectedApp/>渲染已经连接到 Redux 的 App
组件。

接下来，查看两个子组件 IncrementButton 和 DecrementButton 的代码。

IncrementButton.js 的示例代码如下。

```jsx
// IncrementButton.js
import React from 'react';
import { connect } from 'react-redux';

const IncrementButton = ({ dispatch }) => (
  <button onClick={() => dispatch({ type: 'INCREMENT' })}>
    +1
```

```
      </button>
);

export default connect()(IncrementButton);
```
```

DecrementButton.js 的示例代码如下。

```jsx
// DecrementButton.js
import React from 'react';
import { connect } from 'react-redux';

const DecrementButton = ({ dispatch }) => (
  <button onClick={() => dispatch({ type: 'DECREMENT' })}>
    -1
  </button>
);

export default connect()(DecrementButton);
```

在这两个子组件中，我们使用 connect()方法连接 Redux 的 dispatch()函数，并分别定义了加一和减一的操作。当用户单击对应按钮时，会触发 Redux 中的相应 action，从而更新数字的状态并实现加一和减一的功能。

通过以上代码，我们成功地使用 react-redux 的 connect()方法实现了加一和减一的功能。这种方式能够有效地避免代码冗余，更加便捷地管理全局状态，提升了开发效率，是 React 开发中不可或缺的利器。

8.5   Redux 异步请求数据

在实际开发中，很多时候我们需要通过网络请求获取动态数据，Redux 提供了良好的处理异步请求数据解决方案。在本节中，我们将学习如何在 React 组件中使用 Redux 管理异步请求数据并进行展示。

我们实现一个简单的案例，展示如何在 React 中使用 Redux 处理异步请求数据。首先，创建 Redux store 并编写 reducer 处理来自网络请求的数据。假设我们的应用需要展示新闻列表 newsList 和产品列表 productList。
```

```javascript
// store.js
import { createStore } from 'redux';
import rootReducer from './reducers';
const store = createStore(rootReducer);
export default store;
```

接下来，编写 Reducer 处理数据的获取和存储。

```javascript
// reducers.js
const initialState = {
  newsList: [],
  productList: []
};

const rootReducer = (state = initialState, action) => {
  switch (action.type) {
    case 'SET_NEWS':
      return { ...state, newsList: action.payload };
    case 'SET_PRODUCTS':
      return { ...state, productList: action.payload };
    default:
      return state;
  }
};
export default rootReducer;
```

在 React 组件中，可以利用 componentDidMount()生命周期函数发送网络请求以获取数据。

```javascript
import React, { Component } from 'react';
import { connect } from 'react-redux';
import axios from 'axios';

class App extends Component {
  componentDidMount() {
    axios.get('https://yourapi.com/news')
      .then(response => {
        this.props.setNews(response.data);
      });
```

```
    axios.get('https://yourapi.com/products')
      .then(response => {
        this.props.setProducts(response.data);
      });
  }

  render() {
    return (
      <div>
        <h2>News List:</h2>
        <ul>
          {this.props.newsList.map((item, index) => (
            <li key={index}>{item.title}</li>
          ))}
        </ul>
        <h2>Product List:</h2>
        <ul>
          {this.props.productList.map((item, index) => (
            <li key={index}>{item.name}</li>
          ))}
        </ul>
      </div>
    );
  }
}

const mapStateToProps = state => ({
  newsList: state.newsList,
  productList: state.productList
});

const mapDispatchToProps = dispatch => ({
  setNews: data => dispatch({ type: 'SET_NEWS', payload: data }),
  setProducts: data => dispatch({ type: 'SET_PRODUCTS', payload: data })
});

export default connect(mapStateToProps, mapDispatchToProps)(App);
```

【代码解析】

首先，代码使用了 React 框架中的 Component 类和 connect()函数，以及 axios 库进行网络请求。在代码中定义了一个名为 App 的 React 组件。

在 componentDidMount()方法中，代码通过 axios 库向两个不同的 API 端点发送 GET 请求，并在响应成功后调用 this.props.setNews()和 this.props.setProducts()方法，将获取到的数据存储在 Redux 中。这样做可以确保组件在挂载后能立即获取所需的数据。

在 render()方法中，组件根据 Redux 中存储的 newsList 和 productList 数据动态渲染页面内容。具体来说，页面包括了一个显示新闻列表的标题（News List）和一个显示产品列表的标题（Product List），以及相应的 ul 元素来展示新闻和产品的详细信息。

最后，通过 mapStateToProps()函数将 Redux 中的 newsList 和 productList 映射到组件的 props 中，使组件可以访问这些数据。同时，通过 mapDispatchToProps()函数将 setNews 和 setProducts()方法映射到 props 中，以便组件可以触发 Redux 中的对应 action 以更新数据。

最后一行代码将 App 组件与 Redux 中的状态和操作进行连接，使得组件能够访问和更新 Redux 中的数据。

在 index.js 中，将 Redux store 与 React 应用连接起来。

```javascript
// index.js
import React from 'react';
import ReactDOM from 'react-dom';
import { Provider } from 'react-redux';
import store from './store';
import App from './App';
ReactDOM.render(
  <Provider store={store}>
    <App />
  </Provider>,
  document.getElementById('root')
);
```

通过以上步骤，我们成功实现了使用 Redux 处理异步请求数据，并在 React 组件中进行展示。

8.6　reduce-thunk 中间件的应用

在 Redux 开发中，通常不建议在 componentDidMount 生命周期函数中直接调用网络请求，而应该利用 Redux 中间件，例如 redux-thunk，在 reducer 文件中发送网络请求。

下面通过一个简单的示例，演示如何使用 redux-thunk 库发送网络请求。

首先，创建一个 Redux store，并配置 redux-thunk 中间件。以下是创建 store 的代码。

```javascript
import { createStore, applyMiddleware } from 'redux';
import thunk from 'redux-thunk';
import rootReducer from './reducers'; // 假设已经存在了 reducer 文件
const store = createStore(rootReducer, applyMiddleware(thunk));
export default store;
```

接下来，需要在 reducer 中实现处理网络请求的逻辑。创建一个简单的 reducer，用于处理发送请求和接收数据。

```javascript
const initialState = {
 data: null,
 loading: false,
 error: null
};

const reducer = (state = initialState, action) => {
  switch(action.type) {
    case 'FETCH_DATA_REQUEST':
      return {
        ...state,
        loading: true
      };
    case 'FETCH_DATA_SUCCESS':
      return {
        ...state,
        loading: false,
        data: action.payload
      };
    case 'FETCH_DATA_FAILURE':
      return {
        ...state,
        loading: false,
        error: action.error
      };
    default:
      return state;
  }
```

```
};

export default reducer;
```

现在，编写一个 action creator，用于发送网络请求并触发对应的 action。

```javascript
import axios from 'axios';

export const fetchData = () => {
  return async (dispatch) => {
    dispatch({ type: 'FETCH_DATA_REQUEST' });
    try {
      const response = await axios.get('https://api. yourapi.com/data');
      dispatch({ type: 'FETCH_DATA_SUCCESS', payload: response.data });
    } catch (error) {
      dispatch({ type: 'FETCH_DATA_FAILURE', error: error.message });
    }
  };
};
```

【代码解析】

（1）在代码中导入 axios 库，axios 是一个用于发送 HTTP 请求的库，可以方便与服务器进行数据交互。

（2）定义一个名为 fetchData 的函数，这是一个箭头函数，并且返回一个函数。

（3）返回的函数是一个接收 dispatch 参数的箭头函数，dispatch 用于触发 redux 中的 action。

（4）在函数内部，首先调用 dispatch 发送一个 type 为 FETCH_DATA_REQUEST 的 action，表示正在请求数据。

（5）使用 axios 库发送一个 GET 请求到 https://api.yourapi.com/data 这个 URL，以获取数据。

（6）如果请求成功，将服务器返回的数据作为 payload，通过 dispatch 发送一个 type 为 FETCH_DATA_SUCCESS 的 action，表示获取数据成功。

（7）如果请求出错，将错误信息作为 error，通过 dispatch 发送一个 type 为 FETCH_DATA_FAILURE 的 action，表示获取数据失败。

（8）整个函数的目的是在发送网络请求的过程中，通过 dispatch 触发不同的 action 以更新 redux 的状态。

最后，我们可以在组件中使用 action creator 触发网络请求，并渲染相应的数据。

```javascript
import React, { Component } from 'react';
import { connect } from 'react-redux';
import { fetchData } from './actions';

class DataComponent extends Component {
  componentDidMount() {
    this.props.fetchData();
  }

  render() {
    const { data, loading, error } = this.props;

    if (loading) {
      return <div>Loading...</div>;
    }

    if (error) {
      return <div>Error: {error}</div>;
    }

    return (
      <div>
        {data && <ul>
          {data.map(item => <li key={item.id}>{item.name}</li>)}
        </ul>}
      </div>
    );
  }
}

const mapStateToProps = state => ({
  data: state.data,
  loading: state.loading,
  error: state.error
});

export default connect(mapStateToProps, { fetchData })(DataComponent);
```

【代码解析】

通过以上示例，我们展示了在 Redux 开发中如何使用 redux-thunk 中间件发送网络请求，通过创建 store、reducer 和相关的 action creator，并在组件中使用这些组件展示数据。
这样可以更好地管理和处理异步数据操作，使 Redux 开发更加高效。

8.7　Redux 模块拆分

在 Redux 开发中，当遇到数据过多导致维护困难的情况时，通常需要对 Redux 模块进
行拆分，以提高代码的可维护性并降低冲突风险。在公司协作开发中，模块拆分更是必不
可少的一项技能。接下来，我们通过示例演示如何在 Redux 中进行模块拆分。

首先，假设 Redux 应用中有 NewsList 和 ProductList 两个数据模块。为了提高代码的
清晰度和可维护性，我们分别把它们放入两个不同的文件夹中。

在项目结构中，新建一个 reducers 文件夹。其中，包含 newsListReducer.js 和
ProductListReducer.js 两个文件。

```
src
├── reducers
│   ├── newsListReducer.js
│   └── productListReducer.js
└── index.js
```

接下来，在 newsListReducer.js 中编写 NewsList 的 reducer。

```javascript
const newsListReducer = (state = [], action) => {
 switch(action.type) {
   case 'ADD_NEWS':
     return [...state, action.payload];
   default:
     return state;
 }
};

export default newsListReducer;
```

然后，在 productListReducer.js 中编写 ProductList 的 reducer。

```javascript
```

```
const productListReducer = (state = [], action) => {
  switch(action.type) {
    case 'ADD_PRODUCT':
      return [...state, action.payload];
    default:
      return state;
  }
};

export default productListReducer;
```

最后，在 index.js 中使用 combineReducers 合并这两个 reducer。

```javascript
import { combineReducers } from 'redux';
import newsListReducer from './reducers/newsListReducer';
import productListReducer from './reducers/productListReducer';

const rootReducer = combineReducers({
  newsList: newsListReducer,
  productList: productListReducer
});

export default rootReducer;
```

通过以上步骤，我们成功地将 Redux 中的数据模块进行了拆分，使代码更具可读性和可维护性。在实际项目开发中，合理的模块拆分能够有效地提高团队协作效率，降低代码冲突的风险。

8.8　Redux Toolkit 的应用

React 库提供了许多实用的工具和方法来简化开发过程，Redux Toolkit 是官方推荐的编写 Redux 逻辑的方法，它结合了 Redux 的强大性能与简化的开发体验。本节将介绍如何利用 Redux Toolkit 管理应用状态，快速构建 React 应用，并通过实际案例演示如何使用 Redux Toolkit。

Redux Toolkit 旨在帮助开发人员更轻松地编写 Redux 代码，无须添加大量样板代码。其核心概念是减少样板代码的数量，同时提供强大的工具简化状态管理的复杂性。

接下来，我们展示如何安装 Redux Toolkit。首先，在项目目录下打开终端，运行以下指令安装 Redux Toolkit 和相关依赖。

```bash
npm install @reduxjs/toolkit
```

安装完成后，开始创建 Redux 应用。需求是创建两个 Class 组件，一个用于加一操作，另一个用于减一操作。首先，在 src 目录下新建 store 目录，并在其中新建 index.js 文件。在 index.js 文件中，使用 configureStore()创建 Redux store，代码如下。

```javascript
// store/index.js

import { configureStore } from '@reduxjs/toolkit';
import counterReducer from './modules/counter';

export default configureStore({
  reducer: {
    counter: counterReducer,
  },
});
```

接下来，在 store 目录下新建 modules 文件夹，用于存放拆分后的 reducer 模块。可以使用 createSlice()创建这些模块，代码如下。

```javascript
// store/modules/counter.js

import { createSlice } from '@reduxjs/toolkit';

const counterSlice = createSlice({
  name: 'counter',
  initialState: 0,
  reducers: {
    increment: (state) => state + 1,
    decrement: (state) => state - 1,
  },
});

export const { increment, decrement } = counterSlice.actions;
export default counterSlice.reducer;
```

最后，将 Redux store 与 React 应用关联起来。在根组件中，使用 Provider 组件将 Redux store 传递给 React 组件，并在需要访问 Redux 状态的组件中使用 connect()函数进行连接。以下是一个简单的例子。

```javascript
// App.js

import React from 'react';
import { Provider } from 'react-redux';
import store from './store';
import { increment, decrement } from './store/modules/counter';

class IncrementComponent extends React.Component {
  render() {
    return (
      <button onClick={() => this.props.increment()}>Increment</button>
    );
  }
}

class DecrementComponent extends React.Component {
  render() {
    return (
      <button onClick={() => this.props.decrement()}>Decrement</button>
    );
  }
}

const ConnectedIncrementComponent = connect(null, { increment })
(IncrementComponent);
const ConnectedDecrementComponent = connect(null, { decrement })
(DecrementComponent);

class App extends React.Component {
  render() {
    return (
      <Provider store={store}>
        <div>
          <ConnectedIncrementComponent />
          <ConnectedDecrementComponent />
        </div>
      </Provider>
```

```
    );
  }
}


export default App;
```

【代码解析】

上述代码首先定义了两个 React 组件，即 IncrementComponent 和 DecrementComponent，分别显示"Increment（增加）"和"Decrement（减少）"的按钮。在这两个组件中，通过 props 接收对应的 increment() 和 decrement() 方法，这两个方法将在单击按钮时被调用。

接着，使用 connect() 方法将这两个组件连接到 Redux store。在 Redux 中，store 是应用的核心，存储着应用的状态。connect() 方法接收两个参数，第一个参数是 mapStateToProps，这里传入 null 表示不关心 store 中的状态。第二个参数是 mapDispatchToProps，传入一个对象，对象中包含了需要连接到组件的 action creator 函数，这里分别是 increment 和 decrement。

然后，将连接后的组件 ConnectedIncrementComponent 和 ConnectedDecrementComponent 渲染到 App 组件中。在 App 组件中使用了 Provider 组件，该组件来自 react-redux 库，用于提供 Redux store 给应用的所有组件。Provider 组件通过 store 属性接收 Redux store 作为参数。

最后，通过 export default App 将 App 组件导出，使其可以在其他文件中被引用。

通过以上步骤，我们成功地使用 Redux Toolkit 创建了一个简单的计数器应用，单击增加按钮时数值增加，单击减少按钮时数值减少，所有的状态管理由 Redux 处理，通过连接 React 组件和 Redux store 来实现数据的流动和状态的管理，Redux Toolkit 的简洁性和强大性使得状态管理变得轻而易举。在实际项目中，可以根据需要拆分和管理更复杂的状态逻辑，从而提高开发效率和代码质量。

第 9 章

React-Router

在 React.js 开发中，路由是一个至关重要的概念，而 React-Router 则是管理路由的利器。本章将深入探讨 React-Router 的各种应用场景和使用技巧。

首先，我们将探讨路由的基本应用，包括如何在 React.js 项目中创建路由，以及如何在不同页面间进行跳转。通过学习这些基础知识，你将能够更好地组织应用结构，并提升用户体验。

接着，我们将学习如何使用 NavLink 组件，以实现导航栏的高亮显示和激活状态管理。NavLink 是 React-Router 提供的一个非常方便的组件，能够快速实现页面间的切换效果。

我们还将介绍 Navigate 组件，这是一个用于重定向的导航组件，能够在特定条件下自动进行页面跳转，从而提升用户体验和导航的灵活性。

在本章的后半部分，我们将深入讨论如何配置 Not Found 页面，并展示 404 错误页面的实现。此外，我们还将学习如何实现嵌套路由，从而更好地管理复杂页面结构中的路由关系。

最后，我们将探讨如何通过路由查询参数进行数据传递，在不同页面间快速传递数据，实现更加灵活的页面交互效果。

通过学习本章，你将深入了解 React-Router 的强大功能和运用技巧，为 React.js 项目开发提供更多可能性和创新思路。

9.1 路由的基本应用

React Router 是一款强大的路由管理库，为 React 开发者提供了更加灵活和高效的路由控制方式。在当今前端开发领域，使用 React Router 已经成为提升项目质量和开发效率的关键工具之一。

React Router 的安装和配置极其简单。通过 npm 安装 React Router 库后，只需在项目中引入对应的组件，便可以轻松实现路由的定义和管理。不仅如此，React Router 还提供了友好且直观的 API，让开发者能够快速上手，无须花费过多时间学习复杂的语法和配置。

本节将学习如何在 React 项目中使用最新版本的 React Router 6.x，并创建基本路由。

首先，安装 React Router 库。在命令行中运行以下指令。

```
npm install react-router-dom
```

安装完成后，可以开始在项目中使用路由模块。在项目的入口文件 index.js 中，引入 BrowserRouter 或 HashRouter 组件，并将 App 组件包裹在其中。这里我们选择使用 BrowserRouter 作为示例。

```jsx
import { BrowserRouter } from 'react-router-dom';
import App from './App';
ReactDOM.render(
  <BrowserRouter>
    <App />
  </BrowserRouter>,
  document.getElementById('root')
);
```

接下来，定义路由匹配规则，即设置路径和对应的组件。在 React Router 6.x 中，所有的格式都需要写在 Routes 组件中。可以使用 Route 组件实现路径和组件之间的映射。例如，新建 views 目录，然后在其中创建 Home.jsx 和 About.jsx 页面。

```jsx
// Home.jsx
const Home = () => {
  return (
    <div>
      <h2>Home Page</h2>
    </div>
  );
};

// About.jsx
const About = () => {
  return (
    <div>
```

```
        <h2>About Page</h2>
    </div>
  );
};
```
```

然后，在 App.js 文件中使用 Routes 和 Route 组件设置路径和组件的映射关系。

```jsx
import { Routes, Route } from 'react-router-dom';
import Home from './views/Home';
import About from './views/About';

const App = () => {
  return (
    <div>
      <h1>My React Router App</h1>
      <Routes>
        <Route path="/" element={<Home />} />
        <Route path="/about" element={<About />} />
      </Routes>
    </div>
  );
};

export default App;
```

最后，可以在页面中使用 Link 组件实现路由跳转。在需要导航到不同页面的地方添加 Link 组件，设置其 to 属性为目标路径即可，示例代码如下。

```
<Link to="/">首页</Link>
<Link to="/about">关于我们</Link>
```

以上就是一个简单的 React Router 示例。通过这些代码，可以快速实现基本的路由功能和页面跳转。

9.2　NavLink 的应用

在 React 开发中，路由导航是一个非常重要的部分，通过合理的路由匹配规则和用户友好的界面设计，可以提升用户体验。在实现路由跳转时，React 提供了 Link 组件和 NavLink
```

组件两种方式。本节内容将介绍 NavLink 组件的使用方法。

　　需求是创建一个导航菜单，分别链接到 Home 和 About 页面。单击菜单项，该菜单项的样式会变为红色。通过使用 NavLink，可以很轻松地实现这个效果。

　　首先，创建 Home.jsx 和 About.jsx 两个页面文件，内容分别如下。

Home.jsx 的示例代码如下。

```jsx
import React from 'react';
const Home = () => {
  return (
    <div>
      <h1>Home Page</h1>
      <p>Welcome to the Home page!</p>
    </div>
  );
}

export default Home;
```

About.jsx 的示例代码如下。

```jsx
import React from 'react';
const About = () => {
  return (
    <div>
      <h1>About Page</h1>
      <p>Welcome to the About page!</p>
    </div>
  );
}
export default About;
```

接下来，在导航栏组件中，使用 NavLink 组件创建链接。

```jsx
// App.jsx
import { BrowserRouter, Routes, Route } from 'react-router-dom';
import Home from './Home';
import About from './About';
```

```
const App = () => {
 return (
   <BrowserRouter>
    <nav>
     <NavLink to="/home" activeClassName="active">Home</NavLink>
     <NavLink to="/about" activeClassName="active">About</NavLink>
    </nav>

    <Routes>
     <Route path="/home" element={<Home />} />
     <Route path="/about" element={<About />} />
    </Routes>
   </BrowserRouter>
 );
};

export default App;
```

【代码解析】

在以上代码中，我们通过 NavLink 组件创建两个菜单项链接，并设置 activeClassName 属性为 active，使选中的菜单变为红色。通过 Routes 和 Route 组件，我们定义了路由匹配规则，指定在不同路径下展示相应的页面。

在 React Router 中，使用 NavLink 不仅可以实现页面跳转，还可以方便地为选中的菜单添加样式，从而提升用户体验，让用户更方便地浏览网站内容。

9.3　Navigate 重定向导航组件

在 React 中，导航（路由）是一个非常重要的概念，关乎用户界面的导航和跳转功能。而 Navigate 组件，作为 React Router 库中的重要组件，提供了便捷的路由重定向功能，能够更灵活地控制用户界面的跳转。

Navigate 组件是 React Router v6 中新增的一个组件，用于实现路由重定向的功能，可以在需要时将用户引导向另一个页面，从而提升用户体验和导航的流畅性。

Navigate 组件的用法示例如下。

1. 路由重定向

Navigate 组件可用于路由重定向。例如，在用户跳转到购物车页面时，可以根据用户登录状态进行判断，如果用户已登录（isLogin 为 true），则显示购物车页面；如果用户未登录（isLogin 为 false），则直接跳转回登录页面。这一过程正是 Navigate 组件的典型应用场景之一，示例代码如下。

首先，需要在应用中引入 Navigate 组件。

```javascript
import { Navigate } from 'react-router-dom';
```

然后，在具体的组件中使用 Navigate 组件实现路由的重定向。例如，在购物车页面组件中。

```javascript
import React from 'react';
import { Navigate } from 'react-router-dom';

const ShoppingCart = ({ isLogin }) => {
  if (isLogin) {
    return (
      <div>
        <h1>Shopping Cart</h1>
        {/* 其他购物车页面内容 */}
      </div>
    );
  } else {
    return <Navigate to="/login" />;
  }
};
export default ShoppingCart;
```

【代码解析】

在上述示例中，我们首先判断用户是否已登录，如果已登录，则展示购物车页面的内容，否则就通过 Navigate 组件重定向到登录页面。

2．初次加载页面的路由重定向

另一个常见的使用场景是在初次加载页面时进行路由重定向。例如，初次进入页面时的路由是"/"，可以利用 Navigate 组件将路由重定向到"/home"页面，以便用户直接看到特定的内容。

```jsx
```

```
import { Routes, Route } from 'react-router-dom';
function App() {
  return (
    <Routes>
      <Route path="/" element={<Navigate to="/home" />} />
      <Route path="/home" element={<Home />} />
      <Route path="/login" element={<Login />} />
    </Routes>
  );
}
```

【代码解析】

在上面的代码中，我们指定了初始路径为 "/"，并通过 Navigate 组件将其重定向到 "/home" 页面。

在 React 开发中，Navigate 组件是一个非常实用的工具，可以轻松实现路由的重定向功能。无论是处理用户登录状态的跳转还是页面初次加载的路由重定向，Navigate 组件都能够轻松完成。

9.4　配置 Not Found 页面

在开发 React 应用的过程中，经常会遇到用户输入的地址不存在的情况，此时浏览器会显示一个空白页，给用户带来使用体验上的困扰。为了改善这种情况，我们可以设置一个专门的 Not Found 页面，当用户输入了不存在的路由地址时用于提示用户。

首先，在项目的 views 目录下新建一个名为 NotFound.jsx 的文件，用于展示 Not Found 页面的内容。在该文件中，编写以下示例代码。

```jsx
import React from 'react';

const NotFound = () => {
  return (
    <div>
      <h1>404 Not Found</h1>
      <p>请检测路由地址</p>
    </div>
  );
};
```

```
export default NotFound;
```

【代码解析】

在上面的代码中，我们定义了一个函数式组件 NotFound，其中包含一个标题和一段友好的提示信息。

接下来，需要在 React 应用的路由配置中进行设置，当用户输入不存在的路由地址时，显示新建的 Not Found 页面。假设使用 React Router 来管理路由，可以进行如下配置。

```jsx
import { Routes, Route } from 'react-router-dom';
function App() {
  return (
    <Routes>
      <Route path="/" element={<Navigate to="/home" />} />
      <Route path="/home" element={<Home />} />
      <Route path="/login" element={<Login />} />
<Route path="* " element={<NotFound />} />
    </Routes>
  );
}
```

【代码解析】

在上面的代码中，将最后一个匹配规则的 path 属性设置成*，这表示当用户输入不存在的路由地址时，将显示 NotFound 页面。

通过以上步骤，我们成功创建了一个 Not Found 页面，并在 React 路由中进行配置，使得用户在输入不存在的路由地址时能看到友好的提示信息，从而提升用户体验。

9.5　嵌 套 路 由

当我们在实际的前端开发中使用 React 编写程序时，经常会涉及路由的嵌套关系。嵌套路由可以更好地组织不同页面之间的关系，实现更加灵活和复杂的应用场景。良好的路由嵌套设计可以使应用的页面结构更加清晰、模块化，提高代码的可维护性。本节介绍如何在 React 应用中实现路由的嵌套。

下面通过实际案例展示如何在 React 应用中实现路由嵌套。

首先，创建一个名为 App 的父组件，用于渲染不同的路由页面。示例代码如下。

```jsx
import React, { Component } from 'react';
import { BrowserRouter as Router, Route, Link } from 'react-router-dom';
class App extends Component {
  render() {
    return (
      <Router>
        <div>
          <h1>React 嵌套路由示例</h1>
          <nav>
            <ul>
              <li>
                <Link to="/">Home</Link>
              </li>
              <li>
                <Link to="/about">About</Link>
              </li>
            </ul>
          </nav>
          <Route exact path="/" component={Home} />
          <Route path="/about" component={About} />
        </div>
      </Router>
    );
  }
}
```

接下来，定义 Home 组件和 About 组件。在 Home 组件中，嵌套一个子组件 SubPage。
示例代码如下。

```jsx
class Home extends Component {
  render() {
    return (
      <div>
        <h2>Home 页面</h2>
        <p>这是 Home 页面的内容。</p>

        <Route path={`${this.props.match.path}/subpage`} component=
{SubPage} />
```

```
      </div>
    );
  }
}

class SubPage extends Component {
  render() {
    return (
      <div>
        <h3>SubPage 页面</h3>
        <p>这是 SubPage 页面的内容。</p>
      </div>
    );
  }
}
```

最后，定义 About 组件，示例代码如下。

```jsx
class About extends Component {
  render() {
    return (
      <div>
        <h2>About 页面</h2>
        <p>这是 About 页面的内容。</p>
      </div>
    );
  }
}
```

【代码解析】

在这个示例中，我们创建了一个父组件 App，以及三个子组件（Home、About 和 SubPage）。通过 React Router 的 Route 组件，实现了不同页面之间的嵌套关系。当在浏览器中访问不同的路由时，对应的页面会被正确地渲染出来。

9.6　链式路由跳转

在实际开发中，使用 Link 等组件进行路由跳转是非常常见的方式。然而，有时候我们需要实现链式路由跳转，即在一个函数中实现多级路由的跳转。这时，可以使用

useNavigate()函数实现。本节介绍如何使用 useNavigate()实现链式路由跳转，并提供具体的示例。

useNavigate()是 React Router v6 中引入的新函数，可以在函数组件中访问导航功能。通过调用 navigate()函数，可以在不同路由之间实现跳转。

接下来，查看示例代码，演示如何使用 useNavigate()实现链式路由跳转。

```jsx
import { BrowserRouter as Router, Route, Routes } from 'react-router-dom';
import { useNavigate } from 'react-router-dom';

const Home = () => {
  const navigate = useNavigate();

  const handleNavigate = () => {
    navigate('/about'); // 在单击按钮后跳转至/about 路由
  };

  return (
    <div>
      <h1>Home Page</h1>
      <button onClick={handleNavigate}>Go to About Page</button>
    </div>
  );
};

const About = () => {
  return (
    <div>
      <h1>About Page</h1>
    </div>
  );
};

const App = () => {
  return (
    <Router>
      <Routes>
        <Route path="/" element={<Home />} />
        <Route path="/about" element={<About />} />
      </Routes>
    </Router>
  );
```

```
};

export default App;
```

【代码解析】

在上面的示例代码中，我们定义了一个 Home 组件和一个 About 组件。在 Home 组件中使用 useNavigate 获取 navigate() 函数，然后在单击按钮时调用 navigate() 函数，实现了从 Home 页面跳转至 About 页面的功能。

在实际开发中，可以根据业务需求设计更复杂的路由跳转逻辑，这不仅能够提升用户体验，还能使应用更加灵活和可维护。

9.7　高阶组件实现在 class 组件中使用 useNavigate()

在日常 React 开发中，我们经常需要在 class 组件中实现页面的跳转。正常情况下，useNavigate() 函数只能在函数组件中使用。接下来，我们通过使用高阶组件的方式，在 class 组件中也实现使用 useNavigate() 进行页面跳转。

首先，创建一个高阶组件 withNavigate，该高阶组件接收一个组件作为参数，并返回一个增强了导航功能的新组件。示例代码如下。

```
import React from "react";
import {useNavigate } from 'react-router-dom'

const withNavigate =(WrappedComponent)=>{
    return function(props){
        const navigate =useNavigate()
        return <WrappedComponent {...props} navigate={navigate}/>
    }
}

export default withNavigate
```

接下来，编写一个使用这个高阶组件的 class 组件 ProfilePage，示例代码如下。

```jsx
import React from 'react';
import withNavigate from './withNavigate';
```

```
class ProfilePage extends React.Component {
  handleNavigate = () => {
    this.props.navigate('/dashboard');
  };

  render() {
    return (
      <div>
        <h1>用户个人主页</h1>
        <button onClick={this.handleNavigate}>跳转到 Dashboard 页面</button>
      </div>
    );
  }
}

export default withNavigate(ProfilePage);
```

【代码解析】

在上述代码中，我们通过使用 withNavigate 高阶组件增强了 ProfilePage 组件，使得在 class 组件中也能够通过 this.props.navigate 的方式实现页面跳转，在此示例中我们跳转到了 "/dashboard" 页面。

最后，我们需要在路由配置中注册 rofilePage 组件，以确保页面跳转的正常使用，示例代码如下。

```jsx
import React from 'react';
import { BrowserRouter, Routes, Route } from 'react-router-dom';
import ProfilePage from './ProfilePage';

const App = () => {
  return (
    <BrowserRouter>
      <Routes>
        <Route path="/" element={<ProfilePage />} />
        <Route path="/dashboard" element={<DashboardPage />} />
      </Routes>
    </BrowserRouter>
  );
};
export default App;
```

通过以上步骤，我们成功使用高阶组件的方式，让 class 组件拥有了使用 useNavigate
进行页面跳转的能力。这种方法不仅简单高效，而且能够更好地适应项目中使用 class 组
件的情况。

9.8　动态路由参数传递

在实际的 React 开发中，实现路由参数传递是一项常见需求。本节以新闻列表单击查
看详情页的示例，讲解如何在 React 中实现动态路由参数传递。

1．设置动态路由并传递参数

首先，使用动态路由进入新闻详情页面，并携带新闻的 id 参数。假设有一个新闻列表
页面，单击某个新闻标题可跳转到详情页，示例代码如下。

```jsx
// App.js

import React from 'react';
import { BrowserRouter as Router, Routes, Route, Link } from 'react-
router-dom';

const NewsList = () => {
  const newsData = [
    { id: 1, title: 'News 1' },
    { id: 2, title: 'News 2' }
  ];

  return (
    <div>
      <h1>News List</h1>
      {newsData.map(news => (
        <Link key={news.id} to={`/news/${news.id}`}>{news.title}</Link>
      ))}
    </div>
  );
}

const App = () => {
  return (
```

```
    <Router>
      <Routes>
        <Route path="/" element={<NewsList />} />
        <Route path="/news/:id" element={<NewsDetail />} />
      </Routes>
    </Router>
  );
}

export default App;
```

【代码解析】

上述代码首先导入 React 和 React Router DOM 中的必要组件和函数。其中，BrowserRouter 作为 Router 的别名被导入。然后定义了一个 NewsList 组件，该组件展示了一个新闻列表。在 NewsList 组件中，newsData 数组包含两个新闻对象，每个对象包含 id 和 title 属性。接着，使用 map()方法遍历 newsData 数组，为每个新闻生成一个 Link 组件，通过 to 属性指定跳转路径为/news/:id，其中:id 将会被动态替换为实际的新闻 id。

接下来，定义一个 App 组件，该组件是整个应用的入口。在 App 组件中，使用 Router 组件包裹 Routes 组件。Routes 组件内部包含了两个 Route 组件。第一个 Route 组件指定了路径为 "/" 时要渲染的元素为 NewsList 组件，即展示新闻列表。第二个 Route 组件指定了路径为 "/news/:id" 时要渲染的元素为 NewsDetail 组件，该组件还未在此代码中定义。

通过 React Router DOM 实现了在不同路径下展示不同的组件内容。当用户访问根路径时，将会看到 NewsList 组件展示的新闻列表，单击新闻标题可以跳转到对应新闻的详情页面。

2. 获取传递过来的参数

在新闻详情页 NewsDetail 组件中，需要获取传递过来的新闻 id 参数。使用 useParams 钩子获取参数，示例代码如下。

```jsx
// NewsDetail.js

import React from 'react';
import { useParams } from 'react-router-dom';

const NewsDetail = () => {
  const { id } = useParams();
```

```
// 根据 id 获取新闻内容的逻辑，请根据实际情况自行添加

return (
  <div>
    <h1>News Detail</h1>
    <p>News ID: {id}</p>
    {/* 显示新闻内容等其他信息 */}
  </div>
);
}

export default NewsDetail;
```

【代码解析】

通过以上步骤，我们成功实现了在 React 应用中使用动态路由传递参数的功能。单击新闻标题跳转到详情页面时，能够准确地获取对应的新闻 id 并展示相应的新闻内容。这种动态路由参数传递的方法能够使应用更具交互性和实用性。

9.9　路由查询参数传递

除了使用动态路由参数，还可以通过查询参数传递来实现。在跳转的过程中，可以直接使用 "?" 拼接参数。下面我们将创建一个简单的示例来演示如何实现这一功能。

首先，在 App.js 文件中设置路由，示例代码如下。

```javascript
import React from 'react';
import { BrowserRouter as Router, Route, Link } from 'react-router-dom';
import UserInfo from './UserInfo';

function App() {
  return (
    <Router>
      <div>
        <h1>首页</h1>
        <Link to="/user?name=xm&age=18">进入用户信息页面</Link>
      </div>

      <Route path="/user" component={UserInfo} />
```

```
    </Router>
  );
}

export default App;
```

然后，在 UserInfo.js 组件中获取传递的查询参数。

```javascript
import React from 'react';
import { useSearchParams } from 'react-router-dom';

const UserInfo = () => {
  const [searchParams]=useSearchParams()
  const params = Object.fromEntries(searchParams);

  return (
    <div>
      <h2>用户信息页面</h2>
      <p>姓名：{params.name}</p>
      <p>年龄：{params.age}</p>
    </div>
  );
};

export default UserInfo;
```

【代码解析】

在上述代码中，我们在 App.js 中使用 Link 组件跳转到"/user"页面，并携带了查询参数"?name=xm&age=18"。在 UserInfo.js 组件中，我们通过 useSearchParams()函数来获取传递的查询参数，并将其展示在页面上。

在组件中，首先调用了 useSearchParams()函数获取 URL 查询参数，然后将其转换为一个对象 params，这样就能方便地获取 URL 中传递的姓名和年龄参数。

接下来，在页面中展示用户信息的标题以及姓名和年龄，其中姓名和年龄的数值来自 URL 查询参数中传递的值。

通过上述代码，我们可以看到 React 函数式组件的编写方式，以及 react-router-dom 中处理 URL 查询参数的方法。这段代码可以简洁地展示用户信息，并且通过 React 的虚拟 DOM 快速更新页面，给用户提供优秀的体验。

通过以上示例，我们可以实现在 React 应用中使用查询参数传递方式进行路由参数传递。这种方式简单直接，适用于一些基础的应用场景。

9.10　抽离路由匹配规则模块

在实际开发中，为了更好地管理路由匹配规则，我们可以单独定义一个路由规则模块。将路由匹配规则单独保存到 index.js 模块中具有许多好处。首先，将路由匹配规则独立出来可以使代码更具可维护性和可读性。通过将所有路由相关的配置集中在一个位置，开发人员可以更容易地查找和修改路由规则，避免了在整个项目中进行烦琐的搜索。

此外，将路由匹配规则单独保存到一个模块中还有助于提高代码的重用性。通过封装路由匹配逻辑到一个独立的模块中，可以在不同的组件和页面中重复使用相同的逻辑，提高开发效率并减少重复编写代码的工作量。

将路由匹配规则单独保存到一个 index.js 模块中是一种良好的开发实践，有助于提高代码的可维护性、重用性，降低耦合度，并促进团队协作。

下面定义一个包含 5 个路由匹配规则的示例，其中包括子路由嵌套的形式。

首先在 src 目录下新建 router 目录，并在 router 目录下新建 index.js 文件，然后将路由匹配规则定义在 index.js 文件中。

```javascript
// index.js

import { useRoutes } from 'react-router-dom';
import { Route, Link, Routes } from 'react-router-dom';

// 定义路由规则
const routes = [
  {
    path: '/',
    element: <Home />,
  },
  {
    path: 'about',
    element: <About />,
  },
  {
    path: 'services',
```

```
    element: <Services />,
    children: [
      {
        path: 'web-design',
        element: <WebDesign />,
      },
      {
        path: 'app-development',
        element: <AppDevelopment />,
      },
    ],
  },
  {
    path: 'contact',
    element: <Contact />,
  },
  {
    path: '*',
    element: <NotFound />,
  },
];

// 定义组件
const Home = () => <div>Home Page</div>;
const About = () => <div>About Page</div>;
const Services = () => <div>Services Page</div>;
const WebDesign = () => <div>Web Design Page</div>;
const AppDevelopment = () => <div>App Development Page</div>;
const Contact = () => <div>Contact Page</div>;
const NotFound = () => <div>404 Not Found</div>;

// 使用路由
function App() {
  return useRoutes(routes);
}

export default App;
```

【代码解析】

首先，代码中引入了 React Router DOM 库中的 useRoutes()函数以及 Route、Link、Routes 组件，这些都是实现路由功能所必需的组件和函数。

接着，定义了 routes 数组，数组中存储了不同路径下对应的元素，每个对象表示一条路由规则，包含 path 和 element 属性。其中，path 表示路由的路径，element 表示对应的组件。

然后，定义了几个简单的 React 组件，分别对应不同页面的内容，如 Home、About、Services、WebDesign、AppDevelopment、Contact 和 NotFound。这些组件用于在页面路由切换时展示相应的页面内容。

最后，在 App 函数中，使用 useRoutes(routes) 函数将定义的路由规则应用到 App 中。这样，当用户访问不同的路径时，路由管理器会根据路径匹配对应的组件进行展示，实现页面的切换和导航。

上述代码实现了一个简单的页面路由管理器，在 React 应用中实现了页面切换和导航功能。通过设置不同的路由规则和对应的组件，可以实现多个页面的展示和交互。

通过以上示例，可以清晰地了解在 React 中如何定义路由规则并利用 React Router 来管理路由。

9.11　懒加载与路由分包

在 React 项目中，经常会遇到需要对某些页面进行单独打包的情况，以提高页面加载速度和性能。下面将实现一个简单的路由分包示例，以便更好地理解 React 懒加载的方法。

首先，创建一个名为 About 的 React 组件，该组件内容如下。

```jsx
// About.js
import React from 'react';

const About = () => {
  return (
    <div>
      <h2>About Page</h2>
      <p>Welcome to the About page!</p>
    </div>
  );
}

export default About;
```

接下来，在路由配置文件中对 About 组件进行懒加载的设置。首先，需要引入 React.lazy

和 Suspense 这两个组件。

```jsx
// App.js
import React, { Suspense } from 'react';
const About = React.lazy(() => import('./About'));
```

然后，将 About 组件引入 Suspense 组件中，并在其中添加 fallback 参数，以便在加载组件的同时显示一个加载提示。

```jsx
// App.js
const App = () => {
  return (
    <div>
      <h1>My React App</h1>
      <Suspense fallback={<div>Loading...</div>}>
        <About />
      </Suspense>
    </div>
  );
}
```

最后，确保将 App 组件渲染到 DOM 中。在 index.js 中进行如下更改。

```jsx
// index.js
import React from 'react';
import ReactDOM from 'react-dom';
import App from './App';

ReactDOM.render(<App />, document.getElementById('root'));
```

【代码解析】

通过以上示例，成功实现了一个简单的 React 懒加载与路由分包的功能，About 组件将会被单独打包成一个独立的 js 文件，并在需要时进行按需加载。这种方式可以有效地减少初始加载时间，提升用户体验。

也可以根据实际需求对其他页面进行单独打包，以提升整体应用的性能和用户体验。

第 10 章
React Hooks

React Hooks 是 React 框架在 16.8 版本引入的新特性，它的出现彻底改变了 React 的开发方式。在传统 React 开发中，我们通常需要使用 class 组件管理 state 和声明周期函数，但是 Hooks 的引入让我们可以在函数式组件中实现相同的功能，避免了烦琐的 class 组件写法。

为什么要使用 Hooks 呢？首先，传统的函数式组件存在一些不足之处，例如无法重新渲染组件、每次函数执行时数据都会被重置、无法使用 React 生命周期函数等。这些问题在一些复杂场景下会降低开发效率，而 Hooks 的出现正是为了解决这些问题。

此外，在传统的 class 组件中也存在一些缺陷，例如需要频繁地使用 this 关键字、容易形成深层次的嵌套结构、难以复用组件逻辑等。Hooks 的引入可以更方便地复用逻辑、降低组件之间的耦合度，并使代码更加简洁和易于维护。

那么，应该在什么情况下使用 Hooks 呢？Hooks 适用于几乎所有的 React 组件，尤其是在函数组件需要使用 state、生命周期函数或其他 React 特性时。无论是开发简单的展示组件还是复杂的业务逻辑组件，使用 Hooks 都能让代码更加清晰、简洁和易于测试。

总的来说，React Hooks 作为 React 框架的重要特性，提供了更加灵活、便捷的开发方式，能够更好地管理组件状态、处理副作用逻辑，以及更好地组织组件之间的交互关系。如果你想提高 React 开发效率、编写更优雅的代码，不妨尝试使用 React Hooks，相信它会带给你全新的开发体验！

10.1　体验 Hooks

在 React 中，Hooks 是一种函数特性，支持开发者在不编写 class 的情况下使用 state 和其他 React 特性。

本节将深入体验 Hooks 的应用，通过实现一个简单的计数器案例，对比使用 class 组件和函数式组件的不同之处。

首先，使用 class 组件实现计数器案例，示例代码如下。

```jsx
import React, { Component } from 'react';

class CounterClass extends Component {
  constructor() {
    super();
    this.state = {
      count: 0
    };
  }

  increment = () => {
    this.setState({ count: this.state.count + 1 });
  }

  decrement = () => {
    this.setState({ count: this.state.count - 1 });
  }

  render() {
    return (
      <div>
        <h2>Class 组件计数器</h2>
        <p>{this.state.count}</p>
        <button onClick={this.increment}>加 1</button>
        <button onClick={this.decrement}>减 1</button>
      </div>
    );
  }
}

export default CounterClass;
```

在上面的代码中，我们定义了一个名为 CounterClass 的 class 组件，其中包含了一个名为 count 的 state 变量和两个方法（increment()和 decrement()），分别用于增加和减少计数器的值。

接下来，使用 Hooks 实现计数器案例，示例代码如下。

```jsx
import React, { useState } from 'react';

function CounterHooks() {
 const [count, setCount] = useState(0);

 return (
   <div>
     <h2>Hooks 计数器</h2>
     <p>{count}</p>
     <button onClick={() => setCount(count + 1)}>加 1</button>
     <button onClick={() => setCount(count - 1)}>减 1</button>
   </div>
 );
}

export default CounterHooks;
```

【代码解析】

上述代码实现了使用 React Hooks 的计数器组件。

首先，在代码的开头使用 React 和 useState 两个关键词进行引入。其中 React 是 React 框架的核心模块，useState()是 React Hooks 中的一个函数，用于在函数组件中添加状态。

接着定义了一个名为 CounterHooks 的函数组件。在该组件中，通过调用 useState()函数定义了一个名为 count 的状态变量，初始值为 0。useState()函数返回一个包含状态变量和更新状态变量的数组，这里通过数组解构的方式将它们分别赋值给了 count 和 setCount。

在组件的返回部分，我们看到了一个包含标题、当前计数值、加一按钮和减一按钮的 div 元素。计数值会显示当前的 count 状态变量值，加一按钮单击时会调用 setCount()函数并传入当前 count 加一的新值，减一按钮单击时同理。

最后，通过 export default 将 CounterHooks 组件暴露出来，以便在其他地方引入和使用。

上述代码实现了一个基本的计数器功能，通过单击按钮可以实现数值加减的效果。这种使用 React Hooks 的方式让函数组件也能拥有自己的状态，使得 React 的函数式编程变得更加灵活和强大。

以上就是使用 class 组件和 Hooks 实现计数器案例的示例代码，通过对比可以发现函数式组件结合 Hooks 会让代码更加简洁。

10.2　useState 详解

React 的 useState 是一种钩子，用于在函数组件中添加状态管理功能。它接收一个参数作为初始状态值，并返回一个数组，该数组包含两个元素：当前状态值和更新状态值的函数。在函数组件中调用 useState 可以方便地管理状态，并将其与组件的生命周期解耦。

需要注意的是，钩子只能在函数组件的顶层使用，不能在 if 语句或循环中定义，也不能在普通函数中使用，如果普通函数需要使用 useState，该函数名必须以 use 开头。

接下来，我们实现一个简单的 useState 案例。假设我们要实现一个能够切换 "开" 和 "关" 状态的按钮组件。

```javascript
import React, { useState } from 'react';

const ToggleButton = () => {
 const [isOn, setIsOn] = useState(false);

 const toggle = () => {
   setIsOn(!isOn);
 };

 return (
   <button onClick={toggle}>
     {isOn ? '开' : '关'}
   </button>
 );
}

export default ToggleButton;
```

【代码解析】

上述代码是一个 React 组件，名为 ToggleButton。该组件利用 useState 钩子函数管理一个名为 isOn 的状态变量，初始值为 false。同时定义了一个 toggle()函数，用于在按钮单击时切换 isOn 的值。

在组件的返回部分，通过 JSX 语法渲染了一个按钮元素，并使用 onClick 事件监听器将 toggle()函数绑定到按钮的单击事件上。按钮上显示的文本根据 isOn 的值而变化，当 isOn

为 true 时显示"开"，否则显示"关"。

最后，通过 export default 将 ToggleButton 组件导出，以便在其他地方引入和使用。

总体来说，这个组件实现了一个简单的开关功能，用户单击按钮时可以切换状态值，并在按钮上显示相应的文本提示。

通过这个示例，我们介绍了 useState 的基本用法，并体会到在函数组件中管理状态的便利性，仅通过一行代码便可以实现状态管理。

10.3　Redux Hook

React Hook 是 React 16.8 中新增的特性，它让我们在不编写 class 组件的情况下可以使用 state 以及其他 React 特性。而 Redux Hook 是 Redux 7.1 版本中引入的新特性，通过使用 useSelector 和 useDispatch，可以更简洁地实现 Redux 的状态管理。下面让我们以一个简单的计数器案例演示如何使用 useSelector 和 useDispatch 实现 Redux 状态管理。

首先，使用以下命令安装 Redux。

```bash
npm install redux
```

接着，在项目中创建 Redux store，新建一个 store 目录，并在其中创建 index.js 文件。在 index.js 中，编写 Redux 的常规代码。

```javascript
import { createStore } from 'redux';
// 定义 reducer
const initialState = { count: 0 };

function counterReducer(state = initialState, action) {
  switch (action.type) {
    case 'INCREMENT':
      return { count: state.count + 1 };
    case 'DECREMENT':
      return { count: state.count - 1 };
    default:
      return state;
  }
}
```

```
// 创建 Redux store
const store = createStore(counterReducer);

export default store;
```

接下来，我们在组件中使用 useSelector 将 state 映射到组件中，并使用 useDispatch 分发 action。这样就能实现一个简单的计数器。

```javascript
import React from 'react';
import { useSelector, useDispatch } from 'react-redux';

const Counter = () => {
  const count = useSelector(state => state.count);
  const dispatch = useDispatch();

  const increment = () => {
    dispatch({ type: 'INCREMENT' });
  };

  const decrement = () => {
    dispatch({ type: 'DECREMENT' });
  };

  return (
    <div>
      <h1>Counter: {count}</h1>
      <button onClick={increment}>Increment</button>
      <button onClick={decrement}>Decrement</button>
    </div>
  );
};

export default Counter;
```

【代码解析】

上述代码实现了增加和减少计数的功能。

首先，代码引入了 React 库，以及从 react-redux 库中导入了 useSelector 和 useDispatch 这两个 React Hooks。

接着，定义了一个名为 Counter 的函数组件，用箭头函数表达式声明，这个组件用于展示计数器的值和操作按钮。

在组件内部，使用 useSelector 这个 Hook 从 Redux store 中获取名为 count 的状态值。

使用 useDispatch 这个 Hook 获取 dispatch()函数，用于发送 actions 到 Redux store。

定义了 increment()和 decrement()两个函数，分别用于增加和减少计数器的值，通过 dispatch()函数发送对应的 action，分别是{ type: 'INCREMENT' }和{ type: 'DECREMENT' }。

返回了一个包含计数器值、增加按钮和减少按钮的 JSX 元素，用户可以单击按钮来改变计数器的值。

最后，通过 export default Counter 将这个组件暴露出来，可以在其他地方引入和使用。

上述代码展示了 React 与 Redux 的结合使用，通过 React 组件展示 Redux store 中的状态，并通过 dispatch()函数修改状态。

通过这种方式，可以在 React 中更加简洁地使用 Redux 进行状态管理，而不再需要编写烦琐的 connect()函数，以及手动映射 state 和 dispatch。

10.4　shallowEqual 性能优化

在使用 Redux 的过程中，我们常常会使用 useSelector 钩子从 Redux 的 store 中获取状态。然而，使用 useSelector 可能会出现一个问题，只要主组件的数据发生改变，所有包含 useSelector 的子组件都会重新渲染，这样可能会导致程序的效率变得很低。

为了解决这个问题，可以在使用 useSelector 时传入第二个参数 shallowEqual。这样，只有当组件依赖的数据实际发生改变时，才会触发重新渲染。这可以有效地提高程序的性能。

下面通过一个示例演示在 Redux 中使用 useSelector 并传入 shallowEqual 的方法，示例代码如下。

```javascript
// 安装 Redux 并创建 store
import { createStore } from 'redux';

const initialState = {
  count: 0
};

const reducer = (state = initialState, action) => {
  switch (action.type) {
```

```
      case 'INCREMENT':
        return { ...state, count: state.count + 1 };
      case 'DECREMENT':
        return { ...state, count: state.count - 1 };
      default:
        return state;
    }
};

const store = createStore(reducer);

// 在 React 组件中使用 useSelector
import React from 'react';
import { useSelector, useDispatch } from 'react-redux';
import { shallowEqual } from 'react-redux';

const Counter = () => {
  const count = useSelector(state => state.count, shallowEqual);
  const dispatch = useDispatch();

  return (
    <div>
      <p>Count: {count}</p>
      <button onClick={() => dispatch({ type: 'INCREMENT' })}>Increment
</button>
      <button onClick={() => dispatch({ type: 'DECREMENT' })}>Decrement
</button>
    </div>
  );
};

// 在应用中渲染 Counter 组件
import ReactDOM from 'react-dom';

ReactDOM.render(
  <Provider store={store}>
    <Counter />
  </Provider>,
  document.getElementById('root')
);
```

【代码解析】

上述代码展示了如何在 React 应用中使用 Redux 管理状态。首先,我们通过引入 Redux 库中的 createStore()函数,创建了 Redux store。在 initialState 中,定义了一个 count 属性,初始值为 0,再通过 reducer 根据不同的 action 类型更新状态。当接收到 INCREMENT 类型的 action 时,状态中的 count 加 1;接收到 DECREMENT 类型的 action 时,状态中的 count 减 1。如果不是以上两种类型的 action,则返回当前状态。

接着,在 React 组件中,我们使用 useSelector 和 useDispatch 这两个钩子获取和更新 Redux 中的状态。useSelector 用于从 Redux store 中选择需要的状态,这里通过传入一个函数来选择 state.count 作为我们关心的状态,并通过 shallowEqual()函数来进行浅比较。useDispatch 用于派发 action 以修改状态。在 Counter 组件中,我们展示了当前的 count 状态,并提供了两个按钮,分别对应 INCREMENT 和 DECREMENT 两种操作,单击按钮时通过 dispatch 发出对应的 action 更新状态。

最后,使用 React 的 ReactDOM.render()函数将 Counter 组件嵌套在 Provider 组件中,并传入创建的 Redux store 作为 props 渲染到页面上。

在这个示例中,创建了一个简单的 Redux store,包含一个 count 字段用来存储计数值。然后在 Counter 组件中使用 useSelector 来选择状态中的 count 字段,并传入 shallowEqual 参数。这样就可以确保只有 count 字段发生改变时,Counter 组件才会重新渲染。

通过合理使用 useSelector 和 shallowEqual,我们能够优化 React 应用的性能,让应用更加流畅高效。

10.5　useEffect Hook

在 React 开发中,useEffect 是一个非常重要的 Hook,它支持在函数组件中执行副作用操作。副作用操作包括但不限于数据获取、事件订阅、DOM 操作等。在使用 useEffect 时,我们需要了解其基本用法以及如何正确处理副作用操作,以避免出现性能问题或不必要的重复渲染。

useEffect 接收两个参数,第一个参数是一个函数,用于执行副作用操作;第二个参数是一个数组,用于指定依赖项,当依赖项变化时,useEffect 才会重新执行。如果不传递第二个参数,则 useEffect 会在每次组件渲染后都执行。

下面是一个简单的示例,演示了如何在组件渲染后弹出一个提示框。

```jsx
import React, { useEffect } from 'react';

const ExampleComponent = () => {
  useEffect(() => {
    alert('组件渲染后执行副作用操作！');
  }, []); // 传递空数组作为依赖项，只在组件挂载和卸载时执行

  return (
    <div>
      <h1>示例组件</h1>
    </div>
  );
};

export default ExampleComponent;
```

【代码解析】

首先，在代码中使用了 React 库中的 useEffect() 和 React() 两个函数。其中，useEffect() 函数是 React 提供的 Hook，用于在函数组件中执行副作用操作。React() 是 React 库的默认导出。

在 ExampleComponent 组件中，通过箭头函数的方式定义了一个函数组件。这个函数组件是一个无状态的组件，仅负责渲染 UI，不包含任何内部状态。

在该函数组件中使用了 useEffect Hook，它的作用是在组件挂载到 DOM 后执行副作用操作。在本例中，副作用操作是弹出一个警告框，内容为"组件渲染后执行副作用操作！"。useEffect 接收两个参数，第一个参数是回调函数，第二个参数是依赖数组。当空数组[]作为依赖项时，表示该副作用操作只在组件挂载和卸载时执行，不依赖任何状态变化。

在函数组件的返回部分，定义了一个简单的 div 元素，包含一个 h1 标题，标题内容为"示例组件"。

最后，通过 export default 语句将 ExampleComponent 组件导出，使其可以在其他地方被引入和使用。

总的来说，这段代码定义了一个 React 函数组件 ExampleComponent，当这个组件被渲染到页面上时，会在挂载后执行弹出警告框的副作用操作，同时展示一个简单的标题。

在使用 useEffect 时，需要注意避免出现性能问题。一种常见的情况是，每次组件重新渲染时都会执行副作用操作，即使依赖项没有发生变化。为了避免这种情况，可以传递合适的依赖项数组，确保仅在依赖项变化时执行 useEffect。

另一种情况是，如果副作用操作涉及组件的状态或 props，需要确保在副作用操作中正确地处理这些值。例如，如果副作用操作依赖于某个状态值，应在依赖项中加入该状态值，以便在状态变化时重新执行 useEffect。

完整的示例代码如下。

```jsx
import React, { useState, useEffect } from 'react';

const ExampleComponent = () => {
  const [count, setCount] = useState(0);

  useEffect(() => {
    document.title = `单击了 ${count} 次`;
  }, [count]); // 在 count 变化时更新文档标题

  return (
    <div>
      <h1>示例组件</h1>
      <p>你单击了 {count} 次</p>
      <button onClick={() => setCount(count + 1)}>单击我</button>
    </div>
  );
};

export default ExampleComponent;
```

【代码解析】

在以上示例中，每次按钮被单击时，count 的值会增加，并触发 useEffect 中的副作用操作，将单击次数更新到文档标题中。这个例子展示了如何正确处理副作用操作，避免不必要的重复渲染，并保持性能优化。

通过了解 useEffect 的基本用法和性能优化技巧，我们可以更好地利用这个 Hook 在 React 函数组件中处理副作用操作。

10.6　useContext Hook

useContext Hook 是一种强大的工具，可以在函数组件中访问全局的状态，而无须逐层传递 props。

在实际开发中，我们经常会遇到多个组件需要共享某些数据的情况，如果使用 props 逐层地传递数据，会使得组件结构变得复杂且不易维护。这时，Context 就显得尤为重要。通过 createContext()方法创建一个 context 对象，然后通过 Provider 提供数据。在需要使用这些数据的组件中，使用 useContext Hook 来获取这些数据。

接下来，通过案例演示 useContext 的具体使用，示例代码如下。

```jsx
import React, { useContext, createContext } from 'react';

// 创建一个 Context 对象
const ThemeContext = createContext();

// 父组件，提供数据
const App = () => {
  const theme = 'dark';

  return (
    <ThemeContext.Provider value={theme}>
      <Toolbar />
    </ThemeContext.Provider>
  );
};

// 子组件，消费数据
const Toolbar = () => {
  // 使用 useContext 获取全局状态
  const theme = useContext(ThemeContext);

  return <div style={{ background: theme === 'dark' ? '#333' : '#fff' }}>This
is a toolbar.</div>;
};

export default App;
```

【代码解析】

上述代码使用 React 的 Context API 实现组件之间共享数据。

首先，代码中使用 import 语句引入了 React 库中的 useContext()和 createContext()函数。

createContext()函数创建了一个名为 ThemeContext 的 Context 对象，用于在父组件和其子组件之间共享数据。

接着定义了一个父组件 App，在这个组件中声明了一个名为 theme 的状态变量，并将其值设为 dark。

在 App 组件的返回部分，使用 ThemeContext.Provider 组件将 theme 的值作为数据传递给所有子组件，这样所有子组件都可以访问到这个数据。

定义了一个子组件 Toolbar，在这个组件中使用 useContext(ThemeContext)来获取全局状态中的 theme 数据。

根据 theme 的值动态改变 div 元素的背景颜色，如果 theme 为 dark 则背景颜色为"#333"，否则为"#fff"，从而实现根据不同的主题显示不同的背景颜色。

最后，通过 export default App 语句导出 App 组件，使其可以在其他组件中引入和使用。

总的来说，以上代码展示了如何使用 React 的 Context API 实现父子组件之间的数据传递和共享，使得子组件能够方便地访问到父组件中的数据并对其进行相应的处理。

Context 与 Hook 结合，可以在 React 函数组件中更加便捷地访问全局状态。特别是需要在多个组件之间共享数据时，Context 可以帮助我们避免 props 数据传递的烦琐，使代码结构更加清晰易懂。

10.7　useRef Hook

在 React 中，useRef 是一个非常有用的 Hook，它可以在函数组件中保存可变的引用。最常见的用途包括获取 DOM 元素的引用以及实现自定义 Hook。下面介绍 useRef 的基本使用方法，并与传统的 ref 属性进行比较。

1. useRef 的使用方法

在函数组件中，可以使用 useRef 创建一个 ref 对象。这个 ref 对象在组件的整个生命周期中保持不变。要创建 ref 对象，只需调用 useRef()函数，并将其赋值给一个变量即可，示例代码如下。

```jsx
import React, { useRef, useEffect } from 'react';

const ExampleComponent = () => {
  const inputRef = useRef(null);

  useEffect(() => {
    inputRef.current.focus();
```

```
}, []);

return (
  <input ref={inputRef} type="text" />
);
}

export default ExampleComponent;
```

【代码解析】

在上面的示例代码中，我们创建了一个名为 inputRef 的 ref 对象，并将其赋值给一个 input 元素的 ref 属性。在组件的 useEffect 钩子中，我们调用了 inputRef.current.focus()使 input 元素获得焦点。这样，就可以通过 useRef 操作 DOM 元素了。

2．useRef 与传统 ref 属性的比较

在传统的 React 中，可以使用 ref 属性引用 DOM 元素。而使用 useRef 的好处在于，它可以在函数组件中声明并使用 ref，而无须像传统 ref 那样需要在类组件中声明。

另外，useRef 创建的 ref 对象是一个普通的 JavaScript 对象，可以在组件的整个生命周期中保持不变。这意味着可以在组件的多个地方使用同一个 ref 对象，不会导致多个实例之间的冲突。

总的来说，useRef 提供了一种更灵活且方便的方式来操作 DOM 元素及其他引用类型的数据。

因此，在实际开发中，我们可以利用 useRef 解决各种问题，如处理焦点、实现动画、实现自定义 Hook 等。

10.8　useMemo 和 useCallback Hook

useMemo 和 useCallback Hook 是两个非常有用的工具，可以避免不必要的重新计算和重新渲染。下面介绍如何通过这两个 Hook 来优化代码。

首先，我们查看如何使用 useMemo 缓存计算结果。在以下示例中，我们通过 useMemo 缓存计算斐波那契数列的函数，避免在不必要的情况下重新计算，示例代码如下。

```jsx
import React, { useState, useMemo } from 'react';
```

```
const Fibonacci = ({ n }) => {
  const calculateFibonacci = (num) => {
    if (num <= 1) {
      return num;
    }
    return calculateFibonacci(num - 1) + calculateFibonacci(num - 2);
  };

  const fibonacciNumber = useMemo(() => calculateFibonacci(n), [n]);

  return (
    <div>
      <p>The {n}th Fibonacci number is: {fibonacciNumber}</p>
    </div>
  );
};

const App = () => {
  const [number, setNumber] = useState(10);

  return (
    <div>
      <input
        type="number"
        value={number}
        onChange={(e) => setNumber(Number(e.target.value))}
      />
      <Fibonacci n={number} />
    </div>
  );
};

export default App;
```

【代码解析】

上述代码包含 Fibonacci 和 App 两个组件。

Fibonacci 组件接收 n 属性作为参数，用于计算第 n 个斐波那契数。在该组件中，定义了一个 calculateFibonacci()函数，用于递归计算斐波那契数列。然后使用 useMemo 缓存计算结果以提高性能。最后在组件中显示第 n 个斐波那契数。

App 组件是整个应用的入口，其中使用了 useState 来管理名为 number 的状态，初始值为 10。用户可以通过输入框来改变 number 的值，从而实时显示对应斐波那契数。App 组件渲染一个输入框和一个 Fibonacci 组件。

整个应用的功能是根据用户输入的数字，计算并展示对应的斐波那契数。当用户在输入框中输入一个数字时，页面会实时更新，展示该数字对应的斐波那契数。

接下来，我们查看如何使用 useCallback 缓存函数，避免不必要的函数创建。在以下示例中，我们演示如何通过 useCallback 缓存处理单击事件的函数，示例代码如下。

```jsx
import React, { useState, useCallback } from 'react';

const ClickCounter = () => {
  const [count, setCount] = useState(0);

  const increment = useCallback(() => {
    setCount(count + 1);
  }, [count]);

  return (
    <div>
      <p>Count: {count}</p>
      <button onClick={increment}>Increment</button>
    </div>
  );
};

export default ClickCounter;
```

【代码解析】

首先，上述代码使用了 React 库中的 useState 和 useCallback 钩子。useState 用于在函数组件中创建状态变量，以便在组件的生命周期中进行状态管理。useCallback 用于创建一个 memoized 回调函数，避免在每次渲染时都重新创建新的回调函数。

在 ClickCounter 组件中，通过 useState 钩子创建了一个名为 count 的状态变量，并初始化为 0。

然后，使用 useCallback 钩子创建了一个名为 increment 的回调函数。这个回调函数的作用是在每次触发时将 count 的值加 1。

在组件的返回部分，渲染了一个包含当前 count 值的段落和一个按钮。当单击按钮时，触发 increment 回调函数，从而更新 count 的值并重新渲染组件。

最后，通过 export default 语句将 ClickCounter 组件导出，以便它可以在其他文件中导入和使用。

上述代码实现了一个简单的计数器功能，每次单击按钮时，计数器的值会加 1。这个组件可以作为一个可复用的计数器组件在 React 应用中使用，具有良好的状态管理和性能优化。

通过使用 useMemo 和 useCallback Hook，可以有效地优化 React 应用的性能，避免不必要的计算和函数创建。这些 Hook 帮助我们更好地管理组件的状态和行为，提升用户体验并优化应用性能。

10.9　自定义 Hook

React 自定义 Hook 是一项强大的功能，它支持在不同组件之间重用逻辑。在这里，我们将展示如何编写用于数据获取和表单处理的自定义 Hook 示例代码。

首先，我们将实现一个数据获取 Hook，该 Hook 用于从 API 中获取数据并返回结果，示例代码如下。

```jsx
import { useState, useEffect } from 'react';

const useFetchData = (url) => {
  const [data, setData] = useState(null);
  const [loading, setLoading] = useState(true);

  useEffect(() => {
    const fetchData = async () => {
      try {
        const response = await fetch(url);
        const result = await response.json();
        setData(result);
      } catch (error) {
        console.error('Error fetching data: ', error);
      }
      setLoading(false);
    };

    fetchData();
  }, [url]);
```

```
    return { data, loading };
};

// 使用示例
const MyComponent = () => {
  const { data, loading } = useFetchData('https://api.example.com/data');

  if (loading) {
    return <div>Loading...</div>;
  }

  return (
    <div>
      {data && (
        <ul>
          {data.map((item) => (
            <li key={item.id}>{item.name}</li>
          ))}
        </ul>
      )}
    </div>
  );
};
```

【代码解析】

useFetchData 是一个用于在 React 中发起网络请求并获取数据的自定义 Hook。通过这个自定义 Hook，我们可以方便地在函数式组件中获取远程数据，并在加载完成后对页面进行更新。

首先，这段代码引入了 React 库中的 useState 和 useEffect 两个 Hook，分别用于在函数组件中添加状态和处理副作用。然后定义了一个名为 useFetchData 的函数，这个函数接收一个 url 参数，用于指定需要获取数据的 API 地址。

在 useFetchData()函数内部，使用 useState 声明了两个状态变量，即 data 和 loading，分别表示获取到的数据和是否正在加载数据。然后使用 useEffect Hook 来处理副作用，当 url 发生变化时，触发获取数据的逻辑。

在 fetchData()函数中，通过 fetch API 发起网络请求，将结果转换为 JSON 格式，并将获取到的数据存储在 data 状态中。如果请求过程中出现错误，会在控制台输出错误信息，并将 loading 状态设置为 false 表示加载完成。

最后，useFetchData()函数返回一个包含 data 和 loading 状态的对象，并通过该 Hook 在组件中获取相应的数据和加载状态。

在 MyComponent 组件中，通过调用 useFetchData Hook 获取数据和加载状态。根据 loading 状态的不同，展示 loading 提示或数据列表。

通过这个自定义 Hook，我们可以将复杂的网络请求逻辑封装起来，使组件更加简洁而清晰。

接下来，我们将实现一个表单处理 Hook，该 Hook 用于处理表单输入和提交逻辑，示例代码如下。

```jsx
import { useState } from 'react';

const useForm = (initialValues, onSubmit) => {
  const [values, setValues] = useState(initialValues);

  const handleChange = (e) => {
    const { name, value } = e.target;
    setValues({ ...values, [name]: value });
  };

  const handleSubmit = (e) => {
    e.preventDefault();
    onSubmit(values);
  };

  return {
    values,
    handleChange,
    handleSubmit,
  };
};

// 使用示例
const MyForm = () => {
  const { values, handleChange, handleSubmit } = useForm(
    { username: '', password: '' },
    (formData) => {
      // 处理表单提交逻辑
      console.log('Form submitted with data: ', formData);
    }
  );
```

```
return (
  <form onSubmit={handleSubmit}>
    <input
      type="text"
      name="username"
      value={values.username}
      onChange={handleChange}
      placeholder="Username"
    />
    <input
      type="password"
      name="password"
      value={values.password}
      onChange={handleChange}
      placeholder="Password"
    />
    <button type="submit">Submit</button>
  </form>
);
};
```

【代码解析】

上述代码是一个使用 React Hooks 编写的自定义表单 Hook，其主要作用是简化表单的处理逻辑。在这段代码中，使用 useState 定义了一个名为 useForm 的自定义 Hook，它接收两个参数，分别是 initialValues 和 onSubmit。initialValues 是表单初始数值，onSubmit 是表单提交时的回调函数。

在 useForm 自定义 Hook 内部，首先使用 useState 创建了一个名为 values 的状态变量，用于存储表单的数值。然后定义了 handleChange() 和 handleSubmit() 两个方法。handleChange() 用于处理表单元素值的变化，并将变化后的值更新到 values 状态中；handleSubmit() 用于处理表单的提交事件，阻止默认表单提交行为，并调用传入的 onSubmit 回调函数，将当前表单数据作为参数传递给它。

在使用示例中，定义了一个名为 MyForm 的函数组件，通过调用 useForm 自定义 Hook 管理表单数据。将返回的 values、handleChange 和 handleSubmit 分别赋值给对应的变量。在返回的 JSX 中，使用 form、input 和 button 等元素构建一个简单的表单，其中 input 元素通过 value 和 onChange 与 values 状态和 handleChange() 方法关联，实现表单数值的双向绑定；button 用于提交表单，触发 handleSubmit() 方法。

通过这种方式，可以有效地管理表单数据和处理表单事件，减少代码重复，提高代码复用性和可维护性。这种自定义 Hook 的设计思想符合 React Hook 的使用方式，使得表单处理变得更加简洁和优雅。

通过以上示例，我们展示了如何编写自定义 Hook 并在 React 组件中使用。自定义 Hook 使得在 React 应用中重用逻辑变得更加简单和高效。

10.10　使用第三方 Hook

除了 React 官方提供的 Hooks，还有许多优秀的第三方 Hook 库，它们能使 React 开发更加便捷和高效。其中，一个值得推荐的第三方 Hook 库是 react-use，它包含了许多常用的自定义 Hooks，可以处理各种情况下的逻辑和状态管理问题。

接下来，我们通过一个使用 react-use 库中的 useLocalStorage Hook 示例来演示其用法。

首先，需要安装 react-use 库。

```bash
npm install react-use
```

然后，在 React 组件中引入 useLocalStorage Hook。

```javascript
import { useLocalStorage } from 'react-use';

const LocalStorageComponent = () => {
  const [value, setValue] = useLocalStorage('key', 'default');

  const handleChange = (e) => {
    setValue(e.target.value);
  };

  return (
    <div>
      <input type="text" value={value} onChange={handleChange} />
      <p>Value in LocalStorage: {value}</p>
    </div>
  );
};
```

```
export default LocalStorageComponent;
```
```

【代码解析】

上述代码用于在浏览器的 LocalStorage 中存储和获取值。

首先，在该代码中引入了名为 useLocalStorage 的 Hook 函数，这个函数来自 react-use 库。

然后，定义了一个 React 函数组件 LocalStorageComponent，它包含一个状态 value 以及一个用于更新该状态的函数 setValue，这些都是通过 useLocalStorage Hook 函数创建的。这个 useLocalStorage Hook 函数接收两个参数。第一个参数是指定存储在 LocalStorage 中值的键名，第二个参数是默认值。如果浏览器中已经存在具有相同键名的 Local Storage 值，则会使用已存在的值。

接着，定义了一个 handleChange()函数，用于在输入框的值发生变化时更新 value 的状态。

LocalStorageComponent 组件返回一个 div 元素，里面包含一个文本输入框<input>，其 value 属性绑定到 value 状态上，并在输入框的内容发生变化时触发 handleChange()函数。另外还有一个 p 元素用于展示当前 value 的值。

最后，导出 LocalStorageComponent 组件，以便在其他文件中使用。

上述代码的主要功能是在页面中实现一个文本框，用户可以在文本框中输入内容，同时这些内容会保存在浏览器的 LocalStorage 中。无论用户刷新页面还是关闭浏览器，这些值都会被保留下来，这个示例展示了如何利用第三方 Hook 库简化 React 组件中的状态管理。

除了 react-use，还有其他一些优秀的第三方 Hook 库，如 use-what-changed 等，它们都可以为 React 开发带来诸多便利和效率提升。在实际开发中，可以根据项目需求选择合适的第三方 Hook 库来提升开发效率，使代码更加简洁和优雅。
```

第 11 章
项目实战

本章将深入探讨山东鲁嗑食品有限公司企业官网项目的实际开发过程，涵盖了项目的整体概述以及各个关键模块的详细实现。从轮播图模块到商家推荐模块，再到产品模块和产品列表页的设计，我们将逐步揭开项目背后的精彩内容。

通过本章的学习，你将了解如何在 React.js 环境中实现轮播图、广告和商家推荐等功能，并深入探讨如何运用 React Hooks 优化项目代码结构。此外，我们还将在本章介绍如何利用 React Hook 封装 Axios 网络请求，使项目的数据交互更加高效和稳定。

无论你是初学者还是有经验的开发者，本章都将提供宝贵的实战经验和技巧，帮助你更好地应用 React.js 技术，开发出高质量的企业官网项目。

11.1　项　目　概　述

山东鲁嗑食品有限公司企业官网是一个基于 React 开发的实战项目，旨在展示公司产品和推广企业形象。该项目涵盖了丰富的功能模块，包括首页的轮播图模块、广告模块、商家推荐模块以及产品模块。此外，产品列表页提供了价格排序等功能，以便用户能够更方便地浏览和筛选产品信息。

在项目的开发过程中，你将有机会深入学习和掌握 React 的组件化开发技术。通过将页面划分为独立组件，不仅提高了代码的复用性和可维护性，也使页面结构更清晰、更易于扩展。此外，项目中还广泛运用了 React Hook，使开发者能够更加灵活地管理组件状态，编写更简洁优雅的代码。

我们还将学习如何封装 Axios 网络请求，实现前后端数据的交互。通过自定义封装的网络请求方法，你可以更高效地处理异步请求，统一管理接口地址和请求参数，使前端数据交互更加方便顺畅。

在项目的路由部分，你将学习如何传递路由参数，实现页面之间的跳转和数据传递。这对于构建单页面应用至关重要，能让用户更流畅地浏览不同功能模块，提升用户体验。

此外，通过父子组件间传值的实践，你将更好地理解 React 中组件之间的数据传递机制。无论是从父组件向子组件传递数据，还是通过回调函数实现子组件向父组件传递数据，都能让你更加熟练地运用 React 组件间通信的技巧。

总体而言，参与这个项目的开发，将为你提供实战锻炼的机会，让你在 React 前端开发技术上迈出更为坚实的一步。无论是初学者还是有一定经验的开发者，都能从中收获实用的技能和经验，为自己的前端技术之路增添新的色彩。网站效果图如图 11-1 和图 11-2 所示。

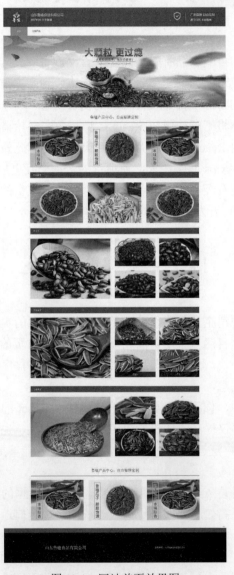

图 11-1　网站首页效果图

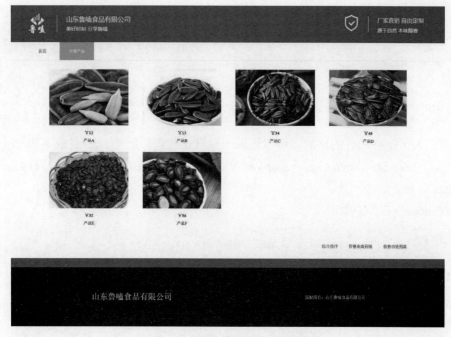

图 11-2　产品列表页面效果图

11.2　创建 React 项目

在开始 React 项目实战之前，我们首先需要使用脚手架工具创建 React 项目。通过以下指令创建一个名为 myweb 的 React 项目。

```
create-react-app myweb
```

项目创建完成后，需要进行一些基础配置。首先，配置项目的 icon 图标和标题。在 index.html 文件中进行如下配置。

```html
<link rel="icon" href="favicon.ico" />
<title>鲁嗑瓜子官网</title>
```

除此之外，还可以配置 jsconfig.json 文件，这可以提升开发效率。例如，可以设置"@/"指向 src 目录。

```json
{
  "compilerOptions": {
    "baseUrl": "src"
  }
}
```

接着，为了保持项目的整洁，可以删除一些默认代码。删除 src 目录下的 App.css、App.test.js、index.css、logo.svg、reportWebVitals.js、setupTests.js 等文件，只保留 App.js 和 index.js 即可。

修改 index.js 的代码如下。

```jsx
import React from 'react';
import ReactDOM from 'react-dom/client';
import App from './App';
const root=ReactDOM.createRoot(document.getElementById('root'));
root.render(
  <React.StrictMode>
    <App />
  </React.StrictMode>
);
```

修改 App.js 的代码如下。

```jsx
import React, { memo } from 'react';

const App = memo(() => {
  return (
    <div>App</div>
  )
})

export default App
```

最后，我们配置项目的目录结构。除了脚手架自动生成的目录，我们还可以创建一些项目目录来更好地组织代码。在 src 目录下新建 assets 目录用于存放静态资源，并在 assets 目录下新建 css 目录和 img 目录。

此外，我们还可以在 src 目录下新建 components 目录用于存放公共组件，新建 hooks 目录、router 目录、store 目录、utils 目录、api 目录，以及用于保存页面的 views 目录，项目目录结构如图 11-3 所示。

图 11-3　项目目录结构

通过以上配置，我们可以更好地搭建 React 项目的基础结构，为接下来的实战奠定良好的基础。

11.3　配置路径别名及 less 样式

在进行 React 项目开发时，经常需要引入各种文件，为了方便快速引入文件，我们通常会设置路径别名。本节介绍如何在 React 项目中配置路径别名，并且配置 less 样式以美化项目界面。

首先，我们需要将路径 "@" 配置为 src 目录，这需要我们修改 webpack 的配置。然而，使用create-react-app创建的React项目默认会隐藏webpack配置，但可以通过使用Craco来解决这个问题。使用 Craco 可以修改 webpack 配置，同时保留原有的配置。

首先，在终端中运行以下命令安装 Craco。

```bash
npm install @craco/craco@alpha -D
```

安装完成后，在项目根目录新建 craco.config.js 文件，并在其中配置路径别名，示例代码如下。

```javascript
const path = require('path');
module.exports = {
    webpack: {
        alias: {
            "@": path.resolve(__dirname, 'src'),
            "components": path.resolve(__dirname, 'src/components')
        }
    }
}
```

需要注意的是，此时运行 npm run start 路径别名并不会生效，我们还需要修改 package.json 文件中的 scripts 字段，修改如下。

```json
"scripts": {
    "start": "craco start",
    "build": "craco build",
    "test": "craco test",
    "eject": "react-scripts eject"
}
```

修改完成后，重新启动项目，Craco 中的配置将会与 webpack 中的配置合并。

接下来，我们配置 less 样式。在终端中运行以下命令安装 craco-less。

```bash
npm install craco-less@2.1.0-alpha.0
```

然后，在 craco.config.js 配置文件中引入 craco-less 插件。

```javascript
const CracoLessPlugin = require("craco-less");
```

最后，在 craco.config.js 文件中配置 craco-less 插件，示例代码如下。

```javascript
plugins: [
    {
```

```
        plugin: CracoLessPlugin,
        options: {
            lessLoaderOptions: {
                lessOptions: {
                    modifyVars: { "@primary-color": "#181616" },
                    javascriptEnabled: true
                }
            }
        }
    }
],
```
```

通过上述操作，我们成功地配置了路径别名和 less 样式，使得 React 项目的开发更加便利，效果更加美观。

# 11.4　CSS 样式重置

在 React 项目开发过程中，我们经常需要对 CSS 样式进行重置，以确保项目样式表现得更加一致和可控。本节介绍如何在 React 项目中进行 CSS 样式重置。

首先，我们使用两个文件来进行 CSS 重置，一个是 normalize.css，另一个是我们自定义的 reset.css 文件。

## 1. 安装 normalize.css

打开终端，在项目根目录下运行以下命令来安装 normalize.css。

```bash
npm install normalize.css
```

2. 导入 normalize.css

接下来，在项目的 index.js 文件中，导入 normalize.css。示例代码如下。

```javascript
import 'normalize.css';
```

normalize.css 是一个第三方 CSS 重置文件，可解决不同浏览器之间的样式差异。
```

3. 编写自定义的重置文件 reset.css

接着，创建自定义的重置文件 reset.css。首先，在项目的 css 目录下新建 reset.css 文件。下面是 reset.css 的内容示例。

```css
* {
    padding: 0;
    margin: 0;
}

a {
    text-decoration: none;
}

img {
    vertical-align: top;
}

ul, li {
    list-style: none;
}
```

通过以上代码，我们对元素的内边距、外边距、文本修饰、图片对齐方式以及列表样式进行了重置，确保页面在不同浏览器中呈现一致的样式效果。

通过以上步骤，我们成功地在 React 项目中进行了 CSS 样式重置，使得项目的样式更加统一和可控。在正式开发项目前，切记对 CSS 样式进行必要的重置是非常重要的。

11.5 配置 Router

在 React 项目开发中，使用 Router 进行页面路由管理是必不可少的一环。在默认情况下，通过 React 脚手架创建的项目并未配置 Router，因此本节将重点讲解如何在 React 项目中配置和使用 Router。

首先，在终端中执行以下命令安装 React Router 库。

```bash
npm install react-router-dom
```

然后，在项目中进行 Router 配置。打开项目中的 index.js 文件，并导入路由模式，示例代码如下。

```javascript
import React, { Suspense } from 'react';
import ReactDOM from 'react-dom/client';
import { HashRouter } from 'react-router-dom'
import App from './App';
const root=ReactDOM.createRoot(document.getElementById('root'));
root.render(
  <React.StrictMode>
    <Suspense fallback='loading'>
      <HashRouter>
        <App />
      </HashRouter>
    </Suspense>
  </React.StrictMode>,

);
```

接下来，需要在 Views 目录下新建 home、detail、list 三个页面，用于指定路由匹配规则的组件。以 Home 组件为例，页面的基础代码如下。

```javascript
import React, { memo } from 'react';

const Home = memo(() => {
  return (
    <div>Home</div>
  );
});

export default Home;
```

之后，在 router 目录下新建 index.js 文件，并创建路由匹配规则，示例代码如下。

```javascript
import React from 'react';
import { Navigate } from 'react-router-dom';
import Home from '../views/home';
import Detail from '../views/detail';
import List from '../views/list';
```

```
const routes = [
    {
        path: '/',
        element: <Navigate to='/home' />
    },
    {
        path: '/home',
        element: <Home/>
    },
    {
        path: '/detail',
        element: <Detail/>
    },
    {
        path: '/list',
        element: <List/>
    }
];

export default routes;
```

最后，返回 App.js 入口文件，导入路由并使用 useRoutes()方法进行路由匹配，示例代码如下。

```javascript
import React, { memo } from 'react';
import { useRoutes } from 'react-router-dom';
import routes from './router';

const App = memo(() => {
  return (
    <div>
      <div className='header'>header</div>
      <div className='content'>
        {useRoutes(routes)}
      </div>
      <div className='footer'>footer</div>
    </div>
  );
});
```

```
export default App;
```

现在，我们已经完成了 Router 的配置和页面组件的准备工作。重新启动项目后即可进入 home 首页，实现了基本的页面路由功能。在项目开发中，合理配置 Router 可以使页面跳转更加灵活高效，为用户提供更好的交互体验。

11.6　封装 Axios 网络请求

在 React 项目开发中，封装 Axios 是一项必不可少的工作。本节将详细介绍如何在项目中使用 Axios，并对 Axios 进行二次封装。

首先，在终端中运行以下指令安装 Axios。

```bash
npm install axios
```

接着，在 src 目录下新建一个 services 目录。在 services 目录下新建 request 目录、modules 目录以及 index.js 文件。

接下来，在 request 目录中新建 index.js 文件，对 Axios 进行二次封装，示例代码如下。

```javascript
// request/index.js

import axios from 'axios';
import { BASE_URL, TIMEOUT } from './config';

class Srequest {
    constructor(baseURL, timeout) {
        this.instance = axios.create({
            baseURL,
            timeout
        });
        this.instance.interceptors.response.use(
            (res) => {
                return res.data;
            },
            (err) => {
                return err;
```

```
        }
    );
}

request(config) {
    return this.instance.request(config);
}

get(config) {
    return this.request({ ...config, method: 'get' });
}

post(config) {
    return this.request({ ...config, method: 'post' });
}
}

export default new Srequest(BASE_URL, TIMEOUT);
```

【代码解析】

首先，Srequest 类的构造函数接收两个参数：baseURL 和 timeout，分别用于设置基本的请求地址和超时时间。在构造函数中，创建了一个 axios 实例 this.instance，并配置基本的 baseURL 和 timeout。同时，它还设置了拦截器（interceptors），对响应进行处理，成功时直接返回数据，失败时返回错误信息。

在接下来的三个方法中，request()方法用于发送 HTTP 请求，它接收一个配置对象 config，并通过 this.instance.request(config)发送请求；get()方法和 post()方法分别用于发送 GET 请求和 POST 请求，它们分别调用 request()方法，并传递相应的请求方法（method）。

最后一行代码将新创建的 Srequest 实例通过 export default 导出，这样其他文件就可以引用并使用此实例。

这段代码的作用是封装了基于 axios 的网络请求实例，并提供了简便的接口以发送 GET 和 POST 请求，同时具有统一的配置管理和响应处理机制。

最后，在 services 目录下的 index.js 文件中导出封装好的 Axios。示例代码如下。

```javascript
// services/index.js
import sRequest from './request';
export default sRequest;
```

通过以上步骤，已经成功在项目中使用 Axios 并进行了二次封装。这将有助于提高项目的可维护性和代码的重用性，同时能够更好地处理异步请求，并对返回的数据进行相应的处理。

11.7　Header 区域样式开发

本节正式进入项目开发的实现阶段。本节将重点实现网站的头部区域，为了提高代码的可读性和可维护性，我们将头部区域单独抽离成一个组件。

首先，在 components 目录下新建一个 header 目录，并在其中新建一个 index.jsx 文件，示例代码如下。

```jsx
import React, { memo } from 'react';

const AppHeader = memo(() => {
  return (
    <div>AppHeader</div>
  );
});

export default AppHeader;
```

接下来，在 App.jsx 文件中导入并引用 AppHeader 组件，示例代码如下。

```jsx
import AppHeader from './components/header';

const App = memo(() => {
  return (
    <div>
      <AppHeader/>
      <div className='content'>
        {useRoutes(routes)}
      </div>
      <div className='footer'>footer</div>
    </div>
  );
```

```
});
```
```

最后，需要为 AppHeader 组件编写相应的样式代码。我们采用 styled-components 进行 CSS 样式开发。首先，在命令行中运行以下指令安装 styled-components。

```bash
npm install styled-components
```

在 header 目录下新建 style.js 文件，样式代码如下。

```jsx
import styled from "styled-components";

export const HeaderMain = styled.div`
 background-color: #307500;
 height: 125px;
 overflow: hidden;
 .content {
   width: 1420px;
   margin: 0 auto;
   display: flex;
   justify-content: space-between;
   .left { float: left; }
   .right { float: left; }
 }
`;

export const Hmenu = styled.div`
 width: 100%;
 height: 60px;
 border-bottom: 1px solid #dbdbdb;
 .content {
   width: 1420px;
   line-height: 60px;
   margin: 0 auto;
   ul {
     list-style-type: none;
     padding: 0;
     margin: 0;
   }
   li {
     float: left;
```
```

```
    width: 120px;
    }
  }
`;
```

最后，完整的 AppHeader 组件静态代码如下。

```jsx
import React, { memo } from 'react';
import { HeaderMain, Hmenu } from './style';
import logo from '../../assets/images/logo.jpg';
import vi from '../../assets/images/vi.jpg';

const AppHeader = memo(() => {
  return (
    <div>
      <HeaderMain>
        <div className='content'>
          <div className='left'><img src={logo} alt='logo' /></div>
          <div className='right'><img src={vi} alt='gd' /></div>
        </div>
      </HeaderMain>
      <Hmenu>
        <div className='content'>
          <ul>
            <li>首页</li>
            <li>全部产品</li>
          </ul>
        </div>
      </Hmenu>
    </div>
  );
});

export default AppHeader;
```

　　通过以上步骤，我们成功地完成了网站头部区域的开发，在项目中引入了组件化开发和 styled-components 的样式开发方式，使代码更加清晰。在接下来的开发过程中，我们将继续完善项目的不同部分，实现一个功能丰富的网站应用。

11.8 实现首页 Banner 区域和广告区域样式布局

本节将重点实现首页的 Banner 区域和广告区域的样式布局开发。首先，我们完成页面的基础开发，业务逻辑和接口调用将在接下来的章节中实现，最终实现效果如图 11-4 所示。

图 11-4 Banner 区域及广告区域页面效果图

为了便于后期代码维护，将 Banner 区域和广告区域分别封装成组件。在 views 目录下的 home 文件夹中，创建 c-cpns 子目录，并分别在其中创建首页需要的组件，如图 11-5 所示。

首先查看一下 banner.jsx 文件，其静态代码如下。

```jsx
import React, { memo } from 'react';

const IndexBanner = memo(() => {
  return (
    <div>
        <img src="https://www.jjcto.com/images/banner_a.jpg" alt="" />
```

```
    </div>
  );
});


export default IndexBanner;
```

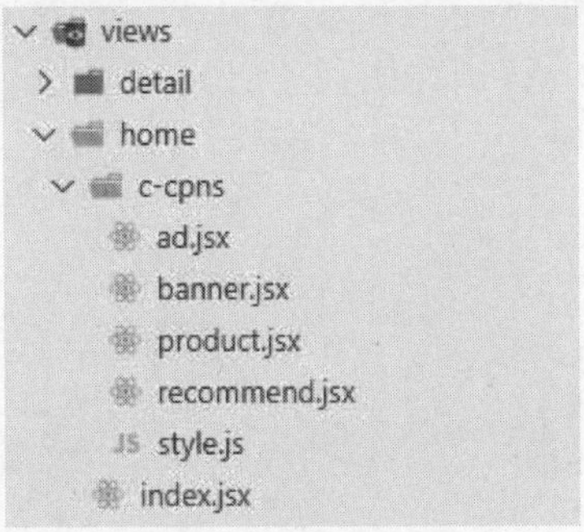

图 11-5　首页中的子组件

接下来是 **ad.jsx** 文件，广告区域的静态代码如下。

```jsx
import React, { memo } from 'react';
import { IndexAdStyle } from './style';

const IndexAd = memo(() => {
  return (
    <IndexAdStyle>
      <div className='content'>
        <div className='ad_header'>
          鲁嗑产品中心，自由贴牌定制
        </div>
        <div className='ad_main'>
          <ul>
            <li><img src="https://www.jjcto.com/images/ad_a.jpg" alt="" /></li>
            <li><img src="https://www.jjcto.com/images/ad_b.jpg" alt="" /></li>
            <li><img src="https://www.jjcto.com/images/ad_c.jpg" alt="" /></li>
          </ul>
        </div>
      </div>
    </IndexAdStyle>
  );
});
```

```jsx
export default IndexAd;
```

注意，在 style.js 中实现广告区域的样式，具体样式代码如下。

```jsx
import styled from "styled-components";

export const IndexAdStyle = styled.div`
  .content {
    width: 1150px;
    margin: 0 auto;
    margin-top: 30px;

    .ad_header {
      text-align: center;
      font-size: 25px;
      color: #307500;
      padding-top: 20px;
      border-bottom: 2px solid #307500;
      padding-bottom: 20px;
      margin-bottom: 20px;
    }

    .ad_main {
      padding-top: 6px;

      ul {
        list-style-type: none;
        margin: 0;
        padding: 0;
        display: flex;
        justify-content: space-between;
      }
    }
  }
`;
```

【代码解析】

通过以上代码，我们成功完成了 Banner 区域和广告区域的样式布局。Banner 区域展示了一张图片，而广告区域则展示了多张图片。

在接下来的章节中，我们将进一步完成页面的功能和交互，实现更加丰富的用户体验。

11.9 实现首页商家推荐区域和产品中心区域样式布局

本节将重点实现首页商家推荐区域和产品中心区域的样式布局，效果如图 11-6 所示。

图 11-6 首页商家推荐及产品中心区域效果图

我们把这两个区域分别封装为独立的组件，商家推荐区域为 recommend.jsx，产品中心区域为 product.jsx，这两个组件已在 11.8 节中创建完成。

首先，打开 recommend.jsx 商家推荐组件，静态代码如下。

```javascript
import React, { memo } from 'react';
import { IndexRec } from './style';

const IndexRecommend = memo(() => {
  return (
    <IndexRec>
      <div className='rec_header'>
        商家推荐
      </div>
```

```
      <div className='rec_main'>
        <ul>
          <li><img src="https://www.jjcto.com/images/tuijian_a.jpg" alt=""
/></li>
          <li><img src="https://www.jjcto.com/images/tuijian_b.jpg" alt=""
/></li>
          <li><img src="https://www.jjcto.com/images/tuijian_a.jpg" alt=""
/></li>
        </ul>
      </div>
    </IndexRec>
  );
});

export default IndexRecommend;
```

style.js 样式代码如下。

```javascript
import styled from "styled-components";

export const IndexRec = styled.div`
  width: 1150px;
  margin: 0 auto;
  .rec_header {
    width: 100%;
    height: 40px;
    background: #307500;
    line-height: 40px;
    color: #fff;
    font-size: 14px;
    text-indent: 20px;
    margin-top: 30px;
  }
  .rec_main {
    padding-top: 30px;
    ul {
      list-style-type: none;
      margin: 0;
      padding: 0;
      display: flex;
      justify-content: space-between;
```

```
      }
   }
`;
```

接下来，打开 product.jsx 产品中心组件，静态代码如下。

```javascript
import React, { memo } from 'react';
import { IndexProsuctStyle } from './style';

const IndexProduct = memo(() => {
  return (
    <IndexProsuctStyle>
      <div className='pro_header'>
        西瓜子
      </div>
      <div className='pro_main'>
        <div className='pro_main_left'><img src="https://www.jjcto.com/images/x_a.jpg" alt="" /></div>
        <div className='pro_main_right'>
          <ul>
            <li>
              <img src="https://www.jjcto.com/images/x_b.jpg" alt="" />
              <p>标题</p>
            </li>
            <li>
              <img src="https://www.jjcto.com/images/x_c.jpg" alt="" />
              <p>标题</p>
            </li>
            <li>
              <img src="https://www.jjcto.com/images/x_d.jpg" alt="" />
              <p>标题</p>
            </li>
            <li>
              <img src="https://www.jjcto.com/images/x_e.jpg" alt="" />
              <p>标题</p>
            </li>
          </ul>
        </div>
      </div>
    </IndexProsuctStyle>
  );
```

```javascript
});

export default IndexProduct;
```

产品中心的样式代码如下。

```javascript
import styled from "styled-components";

export const IndexProsuctStyle = styled.div`
  width: 1150px;
  height: auto;
  margin: 0 auto;
  .pro_header {
    width: 100%;
    height: 40px;
    background: #307500;
    line-height: 40px;
    color: #fff;
    font-size: 14px;
    text-indent: 20px;
    margin-top: 30px;
  }
  .pro_main {
    display: flex;
    padding-top: 30px;
    .pro_main_left {
      margin-right: 30px;
      width: 545px;
      height: 400px;
    }
    .pro_main_left img {
      width: 545px;
      height: 400px;
    }
    .pro_main_right {
      ul {
        margin: 0;
        padding: 0;
        list-style-type: none;
        display: flex;
        flex-wrap: wrap;
```

```
    justify-content: space-between;
  }
  li {
    margin-bottom: 30px;
    width: 275px;
    height: 183px;
    position: relative;
  }
  li img {
    width: 275px;
    height: 183px;
    display: block;
  }
  li p {
    width: 100%;
    height: 35px;
    background: #000;
    position: absolute;
    bottom: 0px;
    margin: 0;
    padding: 0;
    color: #fff;
    opacity: 0.7;
    text-align: center;
    line-height: 35px;
    font-size: 13px;
  }
 }
}
`;
```

通过上述代码，成功实现了商家推荐区域以及产品中心区域的页面布局。这两个组件的结构清晰，样式美观，为用户提供了展示商家推荐和产品信息的良好界面。

11.10 Footer 区域样式开发

本节重点展示如何开发网站的 Footer 区域样式。Footer 区域作为网站首页的最后一个组件，与 Header 区域一样，也是一个公共组件，它并非定义在 views 目录下的 home 文件夹中，而是定义在 components 目录下，如图 11-7 所示。

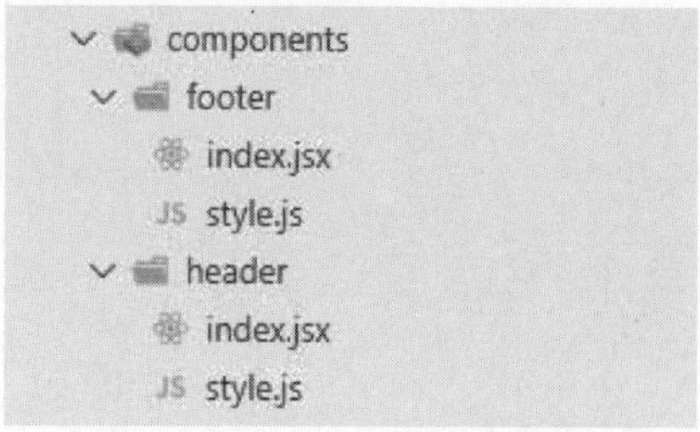

图 11-7　Footer 区域目录结构

Footer 区域的样式相对简洁，index.jsx 静态代码如下。

```javascript
import React, { memo } from 'react'
import { IndexFooter, IndexBtotom } from './style'

const Footer = memo(() => {
    return (
        <div>
            <IndexFooter></IndexFooter>
            <IndexBtotom>
                <div className='content'>
                    <div className='left'>
                        山东鲁嗑食品有限公司
                    </div>
                    <div className='right'>
                        版权所有：山东鲁嗑食品有限公司
                    </div>
                </div>
            </IndexBtotom>
        </div>
    )
})

export default Footer
```

对应的 CSS 样式代码如下。

```javascript
import styled from "styled-components";
```

```
export const IndexFooter = styled.div`
    width: 100%;
    height: 30px;
    background-color: #307500;
    margin-top: 50px;
`

export const IndexBtotom = styled.div`
    width: 100%;
    height: 200px;
    line-height: 200px;
    background-color: #000;
    color: #fff;
    .content{
        width: 1420px;
        display: flex;
        justify-content: space-around;
        margin: 0 auto;
        .left{
            font-size: 28px;
        }
    }
```

【代码解析】

通过以上示例代码，我们可以看到如何定义和使用 Footer 组件以及相应的样式。在项目的首页中，我们已经完成了所有模块的开发。

接下来，我们将实现业务逻辑，调用 API 接口，实现数据交互。在后续章节中，我们将详细讲解这些内容，让你更深入地了解 React 开发中的各种技术细节。

11.11　发送网络请求获取首页数据

本节将实现发送网络请求获取服务器端首页数据。首页数据包括轮播图模块、广告模块、商家推荐模块以及产品模块。我们将使用如下所示的首页 API 接口文档获取数据。

请求 URL：http://localhost:8095/api/goods/home。

请求方式：GET。

请求参数：无。

返回示例如下。

```json
{
  "code": 200,
  "message": "success",
  "result": [
    {...},
    {...},
    {...},
    ...
  ],
  "success": true,
  "timestamp": 1573523295692
}
```

接下来，打开 home 文件夹下的 index.jsx 文件。由于使用函数式组件，我们需要在 useState 中定义数据，并且在 useEffect 中完成网络请求发送。示例代码如下。

```javascript
import React, { memo, useEffect, useState } from 'react';
// 导入 axios
import sRequest from '../../services';

const Home = memo(() => {
  const [allList, setAllList] = useState({});

  useEffect(() => {
    sRequest.get({
      url: '/api/goods/home'
    }).then(res => {
      console.log(res);
      if (res.code !== 200 || res.message !== 'success') {
        return;
      }
      setAllList(res);
    });
  }, []);

  return (
    <div>
      {
```

```
      allList?.result?.map((item) => {
        return (
          <div key={item.id}>
            {item.type === 0 && <IndexBanner />}
            {item.type === 1 && <IndexAd list={item.contents} />}
            {item.type === 2 && <IndexRecommend title={item.name}
list={item.contents} />}
            {item.type === 3 && <IndexProduct title={item.name}
list={item.contents} />}
          </div>
        );
      })
    }
  </div>
  );
});

export default Home;
```

【代码解析】

上述代码使用了 React Hooks 中的 useState()和 useEffect()两个方法。useState()用于定义一个名为 allList 的状态变量，而 useEffect()用于执行副作用操作，其作用类似于类组件中的 componentDidMount 生命周期方法。

代码中导入了名为 sRequest 的 axios 实例，用于发送网络请求。

在 Home 组件中，通过 useEffect 在组件挂载时发送 GET 请求到 "/api/goods/home" 接口，获取首页展示数据。请求成功后会将返回的数据存储到 allList 状态变量中。

组件的返回部分采用 JSX 语法，根据获取到的数据渲染展示不同类型的内容。

☑ 如果 item 的类型为 0，则展示 IndexBanner 组件。

☑ 如果 item 的类型为 1，则展示 IndexAd 组件，并将 item 的内容作为 props 传递给 IndexAd 组件。

☑ 如果 item 的类型为 2，则展示 IndexRecommend 组件，并将 item 的标题和内容作为 props 传递给 IndexRecommend 组件。

☑ 如果 item 的类型为 3，则展示 IndexProduct 组件，并将 item 的标题和内容作为 props 传递给 IndexProduct 组件。

通过以上代码，我们可以实现获取服务器端首页数据并在页面上展示的功能。在本节中，我们学习了如何使用 React 的 Hooks（useState 和 useEffect）处理网络请求，以及如何根据返回的数据展示不同类型的模块。

11.12　父组件向子组件传值（一）

在 11.11 节中，我们已经成功获取了首页所需的展示数据，并将首页拆分为 4 个子模块，以便于后期的代码维护。本节将学习父组件如何向子组件传递数据。

首先，我们实现广告模块和商家推荐模块的数据传递。以下是父组件的代码示例。

```jsx
{
  allList?.result?.map((item) => {
    return (
      <div key={item.id}>
        {item.type === 1 && <IndexAd list={item.contents}></IndexAd>}
        {item.type === 2 && <IndexRecommend title={item.name}
list={item.contents}></IndexRecommend>}
      </div>
    )
  })
}
```

接着，打开 c-cpns 文件夹中的 ad.jsx 文件，这是广告模块的子组件。在这里，我们将获取父组件传递过来的 list 值，并渲染数据。子组件的代码如下。

```jsx
import React, { memo } from 'react'
import { IndexAdStyle } from './style'

const IndexAd = memo((props) => {
  const { list } = props
  return (
    <IndexAdStyle>
      <div className='content'>
        <div className='ad_header'>
          鲁嗑产品中心，自由贴牌定制
        </div>
        <div className='ad_main'>
          <ul>
            {list.map((item) => (
```

```
        <li key={item.id}>
          <img src={item.picUrl} alt='' />
        </li>
      ))}
    </ul>
  </div>
</div>
</IndexAdStyle>
)
})

export default IndexAd
```

【代码解析】

上述代码在组件内部接收 props 对象作为参数，然后从 props 中解构出 list 数组，该 list 数组就是父组件传递过来的数据。

在 ad_main 中，使用了 ul 元素展示 list 中的数据，通过 map()方法遍历 list 数组的每个元素，生成一个 li 元素，其中包含一个 img 元素，img 的 src 属性指向当前 item 对象的 picUrl 属性。

最后，打开 c-cpns 文件夹中的 recommend.jsx 文件，这是商家推荐模块的子组件。同样地，我们获取父组件传递过来的数据并进行渲染。子组件的示例代码如下。

```jsx
import React, { memo } from 'react'
import { IndexRec } from './style'

const IndexRecommend = memo((props) => {
  const { title, list } = props
  return (
    <IndexRec>
      <div className='rec_header'>
        {title}
      </div>
      <div className='rec_main'>
        <ul>
          {list.map((item) => (
            <li key={item.id}><img src={item.picUrl} alt='' /></li>
          ))}
        </ul>
      </div>
```

```
    </IndexRec>
  )
})

export default IndexRecommend
```

【代码解析】

通过以上示例代码，我们实现了父组件向子组件传递数据的功能，这使得组件之间能够更好地通信，并展示出整体页面的内容。在 React 开发中，这种数据传递的方式非常常见，是构建复杂页面的重要一环。

11.13 父组件向子组件传值（二）

本节将实现首页中的最后一个模块——产品模块的数据渲染。首先，需要在父组件中传递数据给子组件。以下是示例代码。

```jsx
{
 allList?.result?.map((item) => {
   return (
     <div key={item.id}>
       {item.type === 3 && <IndexProduct title={item.name} list={item.contents}></IndexProduct>}
     </div>
   )
 })
}
```

接下来，打开 c-cpns 文件夹下的 product.jsx 子组件，接收并渲染父组件传递过来的数据。示例代码如下。

```jsx
import React, { memo } from 'react'
import { IndexProductStyle } from './style'

const IndexProduct = memo((props) => {
 const { title, list } = props
 return (
```

```
    <IndexProductStyle>
     <div className='pro_header'>
       {title}
     </div>
     <div className='pro_main'>
       {list.filter((item) => item.type === 2).map((item) => (
         <div className='pro_main_left' key={item.id}>
           <img src={item.picUrl} alt='' />
         </div>
       ))}
       <div className='pro_main_right'>
        <ul>
         {list.filter((item) => item.type === 0).map((item) => (
          <li key={item.id}>
            <img src={item.picUrl} alt='' />
            <p>{item.productName}</p>
          </li>
         ))}
        </ul>
       </div>
     </div>
    </IndexProductStyle>
   )
})
export default IndexProduct
```

【代码解析】

代码首先导入 React 库中的 memo()函数和所需的样式文件。memo()函数用于对组件进行性能优化，确保只有在组件的 props 发生变化时才重新渲染组件。

接着，定义了名为 IndexProduct 的函数组件，并通过 memo()函数进行包裹，以达到优化的目的。在组件接收到的 props 参数中，包含了 title 和 list 两个属性。

在组件的返回部分，首先使用了自定义的样式 IndexProductStyle 包裹下面的内容。组件中有两个主要部分：产品列表的头部和主体部分。

在头部部分，展示了 title 的内容。

在主体部分，根据 list 中的数据对产品列表进行展示，具体逻辑为首先利用 filter()函数对 list 进行筛选，只展示 type 为 2 的产品项，并使用 map()函数遍历展示左侧部分的产品图片。接着对 list 再次进行 filter 筛选，只展示 type 为 0 的产品项，并利用 map()函数遍历展示右侧部分的产品图片和产品名称。

通过以上代码，我们实现了父子组件间的数据传递与渲染，使得产品模块的展示更加动态和丰富。React 的组件化开发方式使得开发过程更加高效，同时保证了界面的结构清晰且易于维护。

11.14 产品列表页面布局

本节将实现简单而精美的产品列表页面布局。首先，我们需要确保当用户单击"全部产品"菜单时，能够成功跳转到产品列表页面，并且确保单击的菜单项在页面上高亮显示。产品列表的效果如图 11-8 所示。

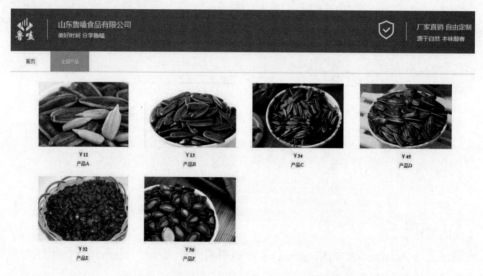

图 11-8　产品列表效果图

打开 header 目录下的 index.jsx 文件，以下是路由跳转的代码示例。

```jsx
<Hmenu>
    <div className='content'>
       <ul>
{/* <li onClick={()=>{handleNavigate('/')}}>首页</li>
<li onClick={()=>{handleNavigate('/list')}}>全部产品</li> */}
          <li><NavLink to='/home' activeClassName="active">首页</NavLink>
</li>
          <li><NavLink to='/list' activeClassName="active">全部产品
```

```
</NavLink></li>
      </ul>
   </div>
</Hmenu>
```

在以上代码中，我们提供了两种路由跳转方式。第一种是通过事件处理实现跳转，第二种是采用 NavLink 进行跳转。由于需要对单击的菜单项进行高亮显示，因此我们选择使用 NavLink 进行跳转，并通过给 NavLink 添加 activeClassName 属性实现菜单高亮的效果。

接下来，打开 views 目录下 list 目录中的 index.jsx 文件。以下是产品列表页面的静态代码示例。

```jsx
import React, { memo } from 'react';
import { ProductListContent } from './style';

const List = memo(() => {
  return (
    <ProductListContent>
      <ul>
        <li>
          <img src="" alt="" />
          <span>￥100</span>
          <p>产品名称</p>
        </li>
        <li></li>
        <li></li>
        <li></li>
        <li></li>
      </ul>
      <div className='sort'>
        <span>综合排序</span>
        <span>价格由高到低</span>
        <span>价格由低到高</span>
      </div>
    </ProductListContent>
  );
});

export default List;
```

最后，打开 style.js 文件。以下是产品列表页面的样式代码示例。

```js
import styled from "styled-components";
export const ProductListContent = styled.div`
 width: 1250px;
 height: auto;
 margin: 0 auto;
 margin-top: 30px;
 ul{
    margin: 0;
    padding: 0;
    list-style-type: none;
    display: flex;
    justify-content: space-between;
    flex-wrap: wrap;
 }
 ul li{
    width: 275px;
    margin-bottom: 30px;
 }
 ul li img{
    width: 275px;
    display: block;
    cursor: pointer;
 }
 ul li span{
    display: block;
    color: red;
    font-size: 15px;
    font-weight: bold;
    text-align: center;
    padding-top: 15px;
 }
 ul li p{
    margin: 0;
    padding: 0;
    text-align: center;
    padding-top: 10px;
 }
 .sort{
    width: 300px;
    display: flex;
```

```
    justify-content: space-between;
    float: right;
    cursor: pointer;
  }
  .active{
    color: red;
  }
`;
```

【代码解析】

通过以上示例代码，我们实现了一个简单而具有吸引力的产品列表页面布局。用户可以方便地浏览不同产品，并通过价格排序功能快速找到满足其需求的产品。

11.15　渲染产品列表数据

本节将实现发送网络请求获取服务器端的数据，并将其渲染到页面。

首先查看产品列表 API 接口文档信息。

请求 URL：http://localhost:8095/api/goods/allGoods?page=1&size=6&sort=0。

请求方式：GET。

请求参数：无。

返回示例代码如下。

```json
{
  data: Array(6) [ {…}, {…}, {…}, … ]
  total: 12}
```

接下来，通过接口文档发送网络请求，并将获取到的数据渲染到页面，示例代码如下。

```jsx
import React, { memo, useEffect, useState } from 'react';
import { ProductListContent } from './style';

// 导入 axios
import sRequest from '../../services';

// 路由跳转
```

```
import { useNavigate } from 'react-router-dom';

const List = memo(() => {
  const [productList, setProductList] = useState({});
  const [sort, setSort] = useState(0);

  const sortBtn = (id) => {
    setSort(id);
  };

  // 发送请求
  useEffect(() => {
    sRequest.get({
      url:
`/api/goods/allGoods?page=1&size=6&sort=${sort}&priceGt=&priceLte=`
    }).then(res => {
      console.log(res);
      setProductList(res);          // 假设返回的数据在 res.data 中
    });
  }, [sort]);

  // 路由跳转
  const navigate = useNavigate();

  const handleNavigate = (url) => {
    navigate(url);                  // 在单击按钮后跳转至/about 路由
  };

  return (
    <ProductListContent>
      <ul>
        {
          productList?.data?.map(item => {
            return (
              <li key={item.productId}>
                <img src={item.productImageUrl} alt="" onClick={() =>
{handleNavigate(`/detail?id=${item.productId}`)}}/>
                <span>￥{item.salePrice}</span>
                <p>{item.productName}</p>
              </li>
            )
          })
        }
```

```
          <li></li>
          <li></li>
          <li></li>
          <li></li>
      </ul>
      <div className='sort'>
          <span onClick={() => {sortBtn(0)}} className={sort===0 ? 'active' :
''}>综合排序</span>
          <span onClick={() => {sortBtn(-1)}} className={sort===-1 ? 'active' :
''}>价格由高到低</span>
          <span onClick={() => {sortBtn(1)}} className={sort===1 ? 'active' :
''}>价格由低到高</span>
      </div>
    </ProductListContent>
  )
});

export default List;
```

【代码解析】

上述代码主要用于展示产品列表，支持根据价格进行排序以及单击产品图片跳转至产品详情页面。下面分步骤对代码进行详细解释。

（1）导入 React 相关的组件和 hook。

```jsx
import React, { memo, useEffect, useState } from 'react';
```

React 是 React 框架的核心库，memo 用于优化组件性能，useEffect 和 useState 是 React 提供的 hook，分别用于处理副作用和状态管理。

（2）导入样式组件和服务。

```jsx
import { ProductListContent } from './style';
import sRequest from '../../services';
```

ProductListContent 是用于样式控制的组件，sRequest 是一个自定义的服务，用于发送网络请求。

（3）定义 List 组件。

```jsx
```

```jsx
const List = memo(() => {
```

这里定义了一个名为 List 的函数组件，并通过 memo 进行性能优化。

（4）定义组件内部状态和函数。

```jsx
const [productList, setProductList] = useState({});
const [sort, setSort] = useState(0);
```

productList 用于保存产品列表数据，sort 用于保存排序方式。

```jsx
const sortBtn = (id) => {
  setSort(id);
};
```

sortBtn()函数用于设置排序方式。

（5）发送请求获取产品列表数据。

```jsx
useEffect(() => {
  sRequest.get({
    url:
`/api/goods/allGoods?page=1&size=6&sort=${sort}&priceGt=&priceLte=`
  }).then(res => {
    setProductList(res);
  });
}, [sort]);
```

使用 useEffect 监听 sort 状态的改变，当 sort 改变时发送网络请求获取产品列表数据并更新 productList。

（6）路由跳转。

```jsx
const navigate = useNavigate();
const handleNavigate = (url) => {
  navigate(url);
};
```

使用 useNavigate 获取导航函数并定义 handleNavigate()函数，用于处理单击产品图片时的路由跳转。

（7）渲染页面内容。

在页面中渲染产品列表数据，展示每种产品的图片、价格和名称，并支持根据不同排序方式重新渲染产品列表。同时，页面底部的排序按钮支持用户自定义排序。

总体来说，这段代码实现了一个简单的产品列表展示功能，具有价格排序和路由跳转的功能，提供了用户友好的产品浏览体验。

通过以上内容，我们探讨了如何利用 React 呈现产品列表数据以及如何与服务器端进行数据交互。

11.16　产品详情页面业务逻辑

本节介绍如何处理产品详情页面的业务逻辑。用户在产品列表页面单击产品图片后，即可进入该产品的详情页面。

首先，我们需要实现参数传递，确保在跳转到产品详情页的同时能够将产品 id 传递到详情页面。

以下是产品列表页面传递产品 id 的示例代码。

```jsx
<ul>
  {productList?.data?.map(item => (
    <li key={item.productId}>
      <img src={item.productImageUrl} alt="" onClick={() =>
handleNavigate(`/detail?id=
${item.productId}`)} />
      <span>￥{item.salePrice}</span>
      <p>{item.productName}</p>
    </li>
  ))}
</ul>
```

接下来，在 detail 目录下的 index.jsx 产品详情文件中，通过 useSearchParams 接收传递过来的参数。示例代码如下。

```jsx
import { useSearchParams } from 'react-router-dom';
```

```
const Detail = memo(() => {
  const searchParams = useSearchParams();
  const params = Object.fromEntries(searchParams.entries());
  const id = params[0].get("id");
  console.log(id);
})
```

获取到传递过来的产品 id 后，即可调用 API 获取产品详情。以下是获取产品详情 API 接口文档信息。

请求 URL：http://localhost:8095/api/goods/productDet?productId=1。

请求方式：GET。

请求参数：无。

返回示例代码如下。

```json
{
  "productId": 150642571432852,
  "salePrice": 12,
  "productName": "产品 A",
  "detail": "产品 A 详情"
}
```

最后，根据接口文档发送网络请求，并渲染数据。示例代码如下。

```jsx
import React, { memo, useEffect, useState } from 'react';
import { useSearchParams } from 'react-router-dom';
import sRequest from '../../services';
import { ProductDetailContent } from './style';

const Detail = memo(() => {
  const searchParams = useSearchParams();
  const params = Object.fromEntries(searchParams.entries());
  const id = params[0].get("id");
  console.log(id);

  const [productDetail, setProductDetail] = useState({});

  useEffect(() => {
```

```
    if (id) {
      sRequest.get({
        url: `/api/goods/productDet?productId=${id}`
      }).then(res => {
        console.log(res);
        setProductDetail(res);
      }).catch(error => {
        console.error('Error fetching data:', error);
      });
    }
  }, [id]);

  return (
    <ProductDetailContent>
      <h1>产品名称：{productDetail.productName}</h1>
      <h2>产品价格：<span>{productDetail.salePrice}</span></h2>
      <h3>{productDetail.detail}</h3>
    </ProductDetailContent>
  );
});

export default Detail;
```

【代码解析】

上述代码中引入了 React 相关的库和一些自定义的文件。

☑　React：React 的主要库。

☑　memo：用于优化组件性能。

☑　useEffect：用于处理副作用操作。

☑　useState：用于在函数组件中添加状态。

☑　useSearchParams：从 React Router 中导入，用于获取 URL 查询参数的 hook。

☑　sRequest：自定义的服务请求函数。

☑　ProductDetailContent：自定义的样式组件。

接着，定义了一个名为 Detail 的函数组件，并使用 memo 进行优化。

在组件中使用 useSearchParams 从 URL 中获取查询参数，并取出 id 进行后续的数据请求。

使用 useState 定义了一个名为 productDetail 的状态，并初始化为空对象，用于保存产品详情数据。

使用 useEffect 钩子函数，当 id 发生变化时向后端发送请求，获取相应的产品详情数据，并更新 productDetail 状态。

最后，返回产品详情页的内容，展示产品名称、价格和详情信息。

通过以上步骤，可以实现产品详情页面的业务逻辑处理，从而为用户提供更好的浏览体验。

11.17　使用 Ant Design 实现轮播图模块

在项目开发中，轮播图效果是非常常见且具有吸引力的功能。Ant Design 作为一个优秀的 UI 组件库，提供了丰富的组件和样式，能够很好地实现轮播图效果。本节将逐步展示如何利用 Ant Design，在 React.js 中实现一个漂亮的轮播图效果。

首先，需要确保已经安装了 Ant Design。如果尚未安装，可以通过以下命令进行安装。

```bash
npm install antd
```

接下来，我们将详细介绍如何使用 Ant Design 实现轮播图效果。首先，在 banner.jsx 文件中引入 Ant Design 的 Carousel 组件，示例代码如下。

```jsx
import React, { memo } from 'react'
import { BannerStyle } from './style'
import { Carousel } from 'antd';
import banner_a from '../../../assets/images/banner_a.jpg'
import banner_b from '../../../assets/images/banner_b.jpg'
const IndexBanner = memo(() => {
 return (
  <BannerStyle>
   <Carousel autoplay>
    <div>
     <img src={banner_a} alt='banner_a' />
    </div>
    <div>
    <img src={banner_b} alt='banner_b' />
    </div>
   </Carousel>
  </BannerStyle>
```

```
  )
})
export default IndexBanner
```

【代码解析】

在上述代码中，我们使用了 Ant Design 的 Carousel 组件，并设置了 autoplay 属性以实现自动播放功能。在 Carousel 组件内部，我们可以定义多个<div>元素作为轮播图的不同内容，当前已设置两张轮播图。

上述代码只是静态展示轮播图，本项目需要父组件将轮播图数据动态传递给 banner组件。接下来，我们将探讨父组件如何传递数据，以及 banner 子组件如何渲染从父组件传递过来的数据。

首先，在父组件的 index.jsx 中传递数据，示例代码如下。

```jsx
return (
  <div>
    {
      allList?.result?.map((item) => {
        return (
          <div key={item.id}>
            {item.type === 0 && <IndexBanner list={item.contents} />}
          </div>
        )
      })
    }
  </div>
)
```

然后，在 banner.jsx 文件中接收数据并进行渲染。

```jsx
const IndexBanner = memo((props) => {
  const { list } = props;
  return (
    <BannerStyle>
      <Carousel autoplay>
        {list.map((item) => (
          <div key={item.id}>
            <img src={item.picUrl} alt='' />
          </div>
```

```
        )))}
      </Carousel>
    </BannerStyle>
  );
});
```
```

【代码解析】

通过上述代码，我们成功使用 Ant Design 实现了轮播图效果，并通过动态数据传递为页面增添了动态性和吸引力。当用户访问首页时，将看到精美的轮播图，这将为整体页面增色不少。
```

第 12 章
React 组件库 Ant Design

Ant Design 是一款优秀的 React UI 组件库，以其简洁、美观且易用的设计风格受到广泛关注。本章将深入介绍 Ant Design 组件库的各种功能和特性，包括从安装到具体组件的详细讲解，涵盖按钮、图标、表单、输入框、导航菜单、布局设计、数据展示、表格、弹窗、通知等多个方面。通过学习本章，读者将全面了解 Ant Design 组件库的使用方法，为开发 React 应用提供强大的支持和工具。

12.1 Ant Design 简介及安装

当谈及前端开发中使用最广泛的 UI 组件库时，Ant Design 无疑是一个不可忽视的存在。Ant Design 是一个基于 React 的 UI 组件库，提供了丰富多样的 UI 组件，能够帮助开发者快速搭建美观、易用的前端界面。本节将深入探讨 Ant Design 的特点以及如何进行安装和使用。

1. 什么是 Ant Design

Ant Design 是由阿里巴巴前端团队开发并维护的一套企业级产品设计和跨端 UI 组件库。其设计理念基于阿里巴巴的企业级应用场景和设计资源，旨在提供一套简洁、直观、美观的 UI 组件和交互设计。Ant Design 遵循了统一的设计规范，可以帮助开发者快速构建符合界面设计规范的前端界面。

2. 安装 Ant Design

要在项目中使用 Ant Design，首先需要安装 Ant Design 的 npm 包。在终端中执行以下命令安装 Ant Design。

```bash
npm install antd
```

安装完成后，即可开始在项目中引入 Ant Design 的组件和样式。

3．使用 Ant Design 组件

Ant Design 提供了大量的 UI 组件，包括按钮、表单、布局、导航、弹框等各种常见的前端组件。接下来，我们演示如何在 React 中使用 Ant Design 中的按钮组件。

首先，在 React 组件中引入所需的 Ant Design 组件。

```jsx
import { Button } from 'antd';
```

然后，在 render()方法中使用 Button 组件。

```jsx
<Button type="primary">单击我</Button>
```

通过上述代码，就可以在 React 应用中成功使用 Ant Design 的按钮组件了。

4．Ant Design 样式

除了组件，Ant Design 还提供了一套样式文件，用于设置组件的默认样式。在项目入口文件中引入 Ant Design 样式，代码如下。

```jsx
import 'antd/dist/antd.css';
```

这样可以确保 Ant Design 组件的样式能够正确应用到整个应用中。

Ant Design 还提供了响应式设计的解决方案，可以根据不同设备的屏幕尺寸自动调整界面布局。通过 Ant Design 提供的响应式设计工具，开发者可以轻松实现不同屏幕尺寸下的界面展示。

Ant Design 是一个功能强大、易用、美观的 UI 组件库，为开发者提供了丰富的 UI 组件和设计资源，能够帮助开发者快速构建符合设计规范的前端界面。在接下来的章节中，我们将详细介绍 Ant Design 的具体应用。

12.2　Ant Design 按钮和图标

本节将深入探讨 Ant Design 中按钮和图标组件的使用方法和特点，帮助读者更好地理

解这两类组件的强大功能。

1．Ant Design 按钮组件

Ant Design 的按钮组件是 React 应用程序中常用的 UI 元素之一，通过按钮可以触发各种操作，例如提交表单、导航链接等。Ant Design 提供了丰富的按钮样式和功能，使开发者可以轻松创建各种样式的按钮。

首先，我们来看一下 Ant Design 中最常用的基本按钮样式。基本按钮通常用于常规操作，不包含特殊的背景或图标。以下是一个简单的示例代码。

```jsx
import React from 'react';
import { Button } from 'antd';
const BasicButton = () => {
  return (
    <Button type="primary">Primary Button</Button>
  );
};
export default BasicButton;
```

【代码解析】

在上面的示例代码中，我们引入了 Ant Design 的按钮组件，并创建了一个具有 type="primary"属性的主要按钮。当在应用程序中渲染 BasicButton 组件时，会显示一个蓝色的主要按钮。

Ant Design 的按钮组件还支持在按钮上添加图标，以提升按钮的交互性和吸引力。以下是一个示例代码，展示了如何创建带有图标的按钮。

```jsx
import React from 'react';
import { Button } from 'antd';
import { DownloadOutlined } from '@ant-design/icons';

const IconButton = () => {
  return (
    <Button type="primary" icon={<DownloadOutlined />}>
      Download
    </Button>
  );
};
export default IconButton;
```

【代码解析】

在上面的示例代码中，我们引入了 Ant Design 中的下载图标 DownloadOutlined，并将其作为按钮的图标属性。当我们在应用中渲染 IconButton 组件时，会显示一个带有下载图标的主要按钮。

除了基本按钮和带图标按钮，Ant Design 还提供了多种类型的按钮，如危险按钮、警告按钮和幽灵按钮等。开发者可以根据需求选择合适的按钮类型以突出不同的操作。以下是一个展示不同类型按钮的示例代码。

```jsx
import React from 'react';
import { Button } from 'antd';
const DifferentButtons = () => {
  return (
    <div>
      <Button type="primary">Primary Button</Button>
      <Button type="dashed">Dashed Button</Button>
      <Button type="danger">Danger Button</Button>
      <Button type="default">Default Button</Button>
      <Button type="link">Link Button</Button>
    </div>
  );
};
export default DifferentButtons;
```

【代码解析】

在上面的示例代码中，我们创建了不同类型的按钮，分别展示了主要按钮、虚线按钮、危险按钮、默认按钮和链接按钮的样式。

Ant Design 的按钮组件还支持自定义样式，开发者可以通过样式属性 style 和类名属性 className 定制按钮外观。以下是一个自定义样式的示例代码。

```jsx
import React from 'react';
import { Button } from 'antd';
const CustomButton = () => {
  const customStyle = {
    backgroundColor: 'purple',
    color: 'white',
    borderRadius: '5px',
    border: 'none',
```

```
  };
  return (
    <Button style={customStyle} className="custom-button">
      Custom Button
    </Button>
  );
};
export default CustomButton;
```

【代码解析】

在上面的示例代码中，我们定义了一个名为 customStyle 的自定义样式对象，并将其应用于按钮组件。此外，我们还为按钮添加了一个名为 custom-button 的类名，以便在 CSS 中进一步自定义按钮的样式。

2．Ant Design 图标组件

Ant Design 的图标组件为 React 应用程序提供了丰富多样的图标库，开发者可以轻松地在应用中使用这些图标，以增强用户界面的视觉效果。以下是一些 Ant Design 图标组件的使用示例。

1）基本图标

Ant Design 的基本图标组件易于使用，开发者可以通过 type 属性指定所需的图标名称。以下是一个展示基本图标的示例代码。

```jsx
import React from 'react';
import { SmileOutlined } from '@ant-design/icons';
const BasicIcon = () => {
  return (
    <SmileOutlined />
  );
};
export default BasicIcon;
```

【代码解析】

在上面的示例代码中，我们引入了 Ant Design 的笑脸图标 SmileOutlined，并在组件中直接渲染该图标。当在应用中渲染 BasicIcon 组件时，会显示笑脸图标。

2）多色图标

Ant Design 的图标组件支持多色图标，开发者可以通过 style 属性为图标指定颜色。以

下是展示多色图标的示例代码。

```jsx
import React from 'react';
import { HeartTwoTone } from '@ant-design/icons';
const ColorfulIcon = () => {
  return (
    <HeartTwoTone twoToneColor="#eb2f96" />
  );
};
export default ColorfulIcon;
```

【代码解析】

在上面的示例代码中，我们引入了 Ant Design 的双色心形图标 HeartTwoTone，并通过 twoToneColor 属性为图标指定了颜色。当在应用中渲染 ColorfulIcon 组件时，会显示带有两种颜色的心形图标。

3）自定义图标

除了 Ant Design 提供的内置图标库，开发者还可以通过 url 属性使用自定义图标。以下是展示自定义图标的示例代码。

```jsx
import React from 'react';
import { Icon } from '@ant-design/icons';
const CustomIcon = () => {
  return (
    <Icon component={<img src="custom-icon.png" alt="Custom Icon" />} />
  );
};
export default CustomIcon;
```

【代码解析】

在上面的示例代码中，我们通过引入 Ant Design 的 Icon 组件，并通过 component 属性将自定义图标 custom-icon.png 应用于图标组件。当在应用中渲染 CustomIcon 组件时，会显示自定义图标。

本节详细介绍了 Ant Design 中按钮和图标两类组件的使用方法和特点。Ant Design 提供了丰富多样的按钮样式和图标库，可以快速构建美观、交互性强的 React 应用程序。

12.3　Ant Design 表单和输入框

本节将重点介绍 Ant Design 中的表单和输入框组件，这些组件可以轻松管理用户输入、提交表单以及进行数据验证。

在开始使用 Ant Design 的表单和输入框组件之前，我们需要在项目中引入相关组件。示例代码如下。

```javascript
import { Form, Input } from 'antd';
```

Ant Design 的 Form 组件提供了便捷的表单封装和数据验证功能，通过引入 Form 组件可以实现对用户输入信息的管理和验证。

以下是一个简单的示例代码，展示了如何使用 Ant Design 的 Form 组件创建包含输入框的表单。

```javascript
import React from 'react';
import { Form, Input, Button } from 'antd';

const MyForm = () => {
  const onFinish = (values) => {
    console.log('Received values:', values);
  };

  return (
    <Form
      name="basic"
      initialValues={{ remember: true }}
      onFinish={onFinish}
    >
      <Form.Item
        label="Username"
        name="username"
        rules={[{ required: true, message: '请输入用户名' }]}
      >
        <Input />
      </Form.Item>
```

```
    <Form.Item>
      <Button type="primary" htmlType="submit">
        Submit
      </Button>
    </Form.Item>
  </Form>
  );
};
export default MyForm;
```

【代码解析】

在上面的示例代码中，我们创建了一个简单的表单，其中包含一个输入框用于输入用户名，并且设置了必填规则。通过 onFinish()方法可以获取到用户输入的数值，并进行后续操作。

1. 输入框 Input 组件

Ant Design 的 Input 组件用于用户的输入操作，提供了多种类型的输入框，例如文本输入框、密码输入框等，同时也支持自定义输入格式。

以下是一个展示两种不同类型输入框的示例代码。

```javascript
import React from 'react';
import { Input } from 'antd';

const MyInput = () => {
  return (
    <div>
      <Input placeholder="Basic input" />
      <br />
      <br />
      <Input.Password placeholder="请输入密码 " />
    </div>
  );
};
export default MyInput;
```

在这段代码中，我们创建了一个基本的文本输入框和一个密码输入框，用户可以在这些输入框中输入相关信息。

2. 表单验证

Ant Design 的 Form 组件支持对用户输入的数据进行验证，可以通过设置 rules 属性指定验证规则。

以下示例代码展示了如何为输入框添加验证规则。

```javascript
<Form.Item
  label="Username"
  name="username"
  rules={[{ required: true, message: '请输入用户名' }]}
>
  <Input />
</Form.Item>
```

在这个例子中，我们规定用户名为必填项，如果用户没有输入，则会显示提示信息"Please input your username! "。

3. 自定义验证规则

除了内置的验证规则，Ant Design 还支持自定义验证规则，可以通过自定义函数实现特定的验证逻辑。

以下示例展示了如何自定义验证规则，验证年龄是否为数字且大于等于 18。

```javascript
<Form.Item
  label="Age"
  name="age"
  rules={[
    { required: true, message: '请输入年龄' },
    ({ getFieldValue }) => ({
      validator(rule, value) {
        if (!value || (Number.isInteger(Number(value)) && parseInt(value,
10) >= 18)) {
          return Promise.resolve();
        }
        return Promise.reject('年龄必须是大于或等于 18 岁的有效数字！');
      },
    }),
  ]}
>
  <Input />
```

```
</Form.Item>
```

通过这个自定义规则，我们可以确保用户输入的年龄是一个有效数字且大于等于 18。

4. 提交表单

在 Ant Design 的 Form 组件中，可以通过设置 onFinish()方法获取用户提交的表单数据，进而执行后续操作，例如数据处理、存储等。

以下示例展示了在提交表单时如何获取表单数据。

```javascript
const onFinish = (values) => {
  console.log('Received values:', values);
};
```

在这个示例中，当用户单击"提交"按钮时，会触发 onFinish()方法，我们可以在这个方法中处理用户输入的信息。

通过本节内容，我们了解了如何使用 Ant Design 的 Form 和 Input 组件管理用户输入信息，并实现数据验证和表单提交等功能。Ant Design 提供了丰富的 UI 组件和灵活的 API，帮助开发者快速构建现代化的 Web 应用。

12.4　Ant Design 导航菜单和布局

本节将重点介绍 Ant Design 的导航菜单和布局相关组件，帮助读者更好地了解如何运用 Ant Design 实现优雅的用户界面。

1. 导航菜单

Ant Design 提供了丰富的导航菜单组件，从简单的侧边栏导航到复杂的垂直菜单，覆盖了各种场景下的导航需求。我们首先介绍简单的侧边栏导航菜单示例。

```jsx
import { Layout, Menu } from 'antd';
import { UserOutlined, LaptopOutlined, NotificationOutlined } from
'@ant-design/icons';
const { Sider } = Layout;
const SidebarMenu = () => {
  return (
```

```
    <Sider width={200} className="site-layout-background">
     <Menu
      mode="inline"
      defaultSelectedKeys={['1']}
      defaultOpenKeys={['sub1']}
      style={{ height: '100%', borderRight: 0 }}
     >
      <Menu.SubMenu key="sub1" icon={<UserOutlined />} title="导航一">
       <Menu.Item key="1">选项一</Menu.Item>
       <Menu.Item key="2">选项二</Menu.Item>
      </Menu.SubMenu>
      <Menu.SubMenu key="sub2" icon={<LaptopOutlined />} title="导航二">
       <Menu.Item key="3">选项三</Menu.Item>
       <Menu.Item key="4">选项四</Menu.Item>
      </Menu.SubMenu>
      <Menu.SubMenu key="sub3" icon={<NotificationOutlined />} title="
导航三">
       <Menu.Item key="5">选项五</Menu.Item>
       <Menu.Item key="6">选项六</Menu.Item>
      </Menu.SubMenu>
     </Menu>
    </Sider>
  );
};
export default SidebarMenu;
```

在这个示例中，我们使用了 Ant Design 的 Layout 和 Menu 组件。通过 Sider 组件创建了具有侧边栏导航的布局，并在内部嵌套了 Menu 组件，结合 SubMenu 和 Item 组件实现了多级导航菜单。通过设置 defaultSelectedKeys 和 defaultOpenKeys 等属性，可以实现默认选中项和默认展开项的配置。同时，我们还使用 icon 属性设置菜单项的图标。

Ant Design 的导航菜单组件具有丰富的配置选项，可以满足各种导航布局的需求，例如水平菜单、折叠菜单等。开发者可以根据项目的实际需求进行定制化配置，实现符合用户体验的导航菜单。

2. 布局

在实际的应用开发中，页面布局设计是至关重要的一环。Ant Design 提供了灵活且易用的栅格系统，帮助开发者实现响应式的页面布局。接下来，我们来看一个使用 Ant Design 栅格系统实现页面布局的简单示例。

```jsx
import { Layout, Row, Col } from 'antd';
const { Content } = Layout;
const PageLayout = () => {
  return (
    <Layout style={{ minHeight: '100vh' }}>
      <SidebarMenu />
      <Layout className="site-layout">
        <Content style={{ margin: '0 16px' }}>
          <div className="site-layout-background" style={{ padding: 24,
minHeight: 360 }}>
            <Row>
              <Col span={12}>内容区域一</Col>
              <Col span={12}>内容区域二</Col>
            </Row>
          </div>
        </Content>
      </Layout>
    </Layout>
  );
};
export default PageLayout;
```

在这个示例中，我们在 Content 组件内部使用了 Ant Design 的 Row 和 Col 组件实现栅格布局。通过设定 span 属性，我们可以指定每个 Col 组件占据的栅格数，从而实现灵活的响应式布局。开发者可以根据不同的屏幕尺寸，调整各个 Col 组件的 span 属性，以实现页面布局的自适应性。

Ant Design 的栅格系统还支持偏移、响应式布局、栅格间隔等功能，可以满足复杂布局设计的需求。开发者可以灵活运用栅格系统，设计出符合用户期待的页面布局效果。

综上所述，Ant Design 在导航菜单和布局方面的强大功能和灵活性，使其成为前端开发中不可或缺的利器。

12.5　Ant Design 数据展示和表格

在前端开发中，数据展示和表格是非常重要的一部分。Ant Design 作为一款优秀的 React 组件库，提供了丰富的数据展示和表格组件，帮助我们轻松实现复杂的数据展示和表格操作。本节将探讨 Ant Design 中关于数据展示和表格的功能，并通过示例代码演示如何使用这些组件。

1.　Ant Design 的 Table 组件

Ant Design 中的 Table 组件是一个功能强大的工具，它支持分页、排序、筛选等各种功能，能够实现各种复杂的表格展示。以下是一个简单的示例代码，展示了如何创建一个基本的 Ant Design 表格。

```jsx
import React from 'react';
import { Table } from 'antd';
const dataSource = [
  {
    key: '1',
    name: 'Tom',
    age: 18,
    address: '青岛',
  },
  {
    key: '2',
    name: 'Jerry',
    age: 20,
    address: '北京',
  },
];

const columns = [
  {
    title: 'Name',
    dataIndex: 'name',
    key: 'name',
  },
  {
    title: 'Age',
    dataIndex: 'age',
    key: 'age',
  },
  {
    title: 'Address',
    dataIndex: 'address',
```

```
    key: 'address',
  },
];
const BasicTable = () => {
  return (
    <Table dataSource={dataSource} columns={columns} />
  );
};
export default BasicTable;
```

【代码解析】

在以上示例中，我们定义了一个基本的表格，包括姓名、年龄和地址三个字段，并初始化了几条数据。通过 Table 组件的 dataSource 和 columns 属性，我们将数据传入表格进行展示。

2．Ant Design 的数据展示组件

除了表格，Ant Design 还提供了很多数据展示（data display）相关的组件，例如卡片（Card）、标签（Tag）、徽标数（Badge）等，这些组件可以更好地展示各种类型的数据。以下是一个使用 Ant Design 卡片组件的示例代码。

```jsx
import React from 'react';
import { Card } from 'antd';
const DataDisplay = () => {
  return (
    <Card title="Tom " style={{ width: 300 }}>
      <p>Age: 18</p>
      <p>Address: 青岛</p>
    </Card>
  );
};
export default DataDisplay;
```

【代码解析】

在以上示例中，我们使用 Card 组件创建了一个卡片，展示了人员的姓名、年龄和地址信息。通过设置 title 和 style 属性，我们可以自定义卡片的标题和样式。

12.6　Ant Design 弹窗和通知

Ant Design 作为一套优秀的 React 组件库，不仅提供了大量基础组件，还提供了功能强大的弹窗和通知组件，让开发者可以轻松实现弹窗效果和通知功能，本节将介绍弹窗和通知功能的应用。

1．弹窗组件

Ant Design 提供了多种弹窗组件，从普通的模态框到消息框，覆盖了各种弹窗需求。接下来，我们将逐一介绍这些弹窗组件，并提供示例代码供大家参考。

1）模态框

模态框是一种常见的弹窗形式，用于展示重要信息或需要用户交互的内容。Ant Design 的模态框组件非常易于使用，以下是一个简单的示例代码。

```jsx
import { Modal, Button } from 'antd';
import React, { useState } from 'react';
const MyModal = () => {
  const [visible, setVisible] = useState(false);
  const showModal = () => {
    setVisible(true);
  };
  const handleOk = () => {
    setVisible(false);
  };
  const handleCancel = () => {
    setVisible(false);
  };
  return (
    <div>
      <Button type="primary" onClick={showModal}>
        Open Modal
      </Button>
      <Modal
        title="Basic Modal"
        visible={visible}
        onOk={handleOk}
        onCancel={handleCancel}
```

```
      >
        <p>Some contents...</p>
        <p>Some contents...</p>
        <p>Some contents...</p>
      </Modal>
    </div>
  );
};
export default MyModal;
```

【代码解析】

在上面的示例代码中，我们定义了一个 MyModal 组件，单击按钮后会弹出一个基本的模态框，用户可以通过单击"确定"或"取消"按钮来关闭模态框。

2）消息框

消息框用于向用户展示提示信息，例如操作成功、警告等。Ant Design 提供了 message 对象来展示消息框，以下是一个简单的示例代码。

```jsx
import { message, Button } from 'antd';
import React from 'react';
const success = () => {
  message.success('This is a success message');
};
const error = () => {
  message.error('This is an error message');
};
const MessageComponent = () => {
  return (
    <div>
      <Button onClick={success}>显示成功的消息 </Button>
      <Button onClick={error}>显示错误的消息 </Button>
    </div>
  );
};
export default MessageComponent;
```

【代码解析】

在上面的示例代码中，我们定义了一个 MessageComponent 组件，单击按钮后会展示成功或错误的消息框，帮助用户快速了解操作结果。

2. 通知组件

除了弹窗组件，Ant Design 还提供了功能强大的通知组件，可以在页面的角落展示一些重要的消息提醒。

通知提醒框可以显示一条静态提示信息，并可由用户手动关闭。以下是一个通知提醒框的示例代码。

```jsx
import { Button, notification } from 'antd';
import React from 'react';
const openNotification = () => {
  notification.open({
    message: '通知标题',
    description: '通知内容',
  });
};
const NotificationComponent = () => {
  return (
    <div>
      <Button type="primary" onClick={openNotification}>
        打开通知框
      </Button>
    </div>
  );
};
export default NotificationComponent;
```

【代码解析】

在上面的示例代码中，单击按钮后会展示一个通知提醒框，展示标题和内容，用户可以手动关闭通知框。

通过本节的介绍，我们了解了 Ant Design 中关于弹窗和通知的组件，包括模态框、消息框和通知提醒框。这些组件可以快速构建优秀的用户界面，并提升用户体验。

12.7　Ant Design 图表和地图

在 React 开发中，借助 Ant Design 这一优秀的 React 组件库，我们可以轻松实现图表和地图功能，为应用增添更加丰富的数据可视化和地理信息展示。本节将深入探索 Ant

Design 中图表和地图相关的组件，并提供示例代码。

1. Ant Design 图表组件

Ant Design 提供了丰富而强大的图表组件，通过简单的代码即可创建各种类型的图表，包括折线图、柱状图、饼图等。接下来，我们将以代码展示如何在 React 项目中使用 Ant Design 图表组件。

1）示例 1：折线图

首先，安装 Ant Design 图表组件依赖包。

```bash
npm install @ant-design/charts
```

然后，我们可以应用以下示例代码创建一幅折线图。

```jsx
import React from 'react';
import { Line } from '@ant-design/charts';
const MyLineChart = () => {
  const data = [
    { year: '2021', value: 200 },
    { year: '2022', value: 150 },
    { year: '2023', value: 300 },
{ year: '2024', value: 350 },
  ];
  const config = {
    data,
    xField: 'year',
    yField: 'value',
    seriesField: '',
    meta: {
      year: { alias: '年份' },
      value: { alias: '数值' },
    },
  };
  return <Line {...config} />;
};
export default MyLineChart;
```

【代码解析】

在上述代码中，我们利用 Line 组件和相关配置参数，创建了一幅简单的折线图，展示了 2021 年至 2024 年各年份的数值数据。

2）示例 2：柱状图

接下来，我们尝试创建一幅柱状图。

```jsx
import React from 'react';
import { Column } from '@ant-design/charts';

const MyColumnChart = () => {
  const data = [
    { month: '1 月', value: 100 },
    { month: '2 月', value: 200 },
    { month: '3 月', value: 150 },
    { month: '4 月, value: 300 },
    { month: '5 月', value: 250 },
  ];
  const config = {
    data,
    xField: 'month',
    yField: 'value',
    seriesField: '',
    meta: {
      month: { alias: '月份' },
      value: { alias: '数值' },
    },
  };
  return <Column {...config} />;
};
export default MyColumnChart;
```

【代码解析】

通过上面的示例代码，我们可以轻松地创建出一幅柱状图，展示不同月份的数值数据。

2．Ant Design 地图组件

除了图表组件，Ant Design 还提供了功能强大的地图组件，支持地理数据可视化展示，在应用中展示地理位置信息、热力图等。接下来，我们展示如何在 React 项目中使用 Ant Design 地图组件。

首先，安装 Ant Design 地图组件依赖包。

```bash
```

```
npm install @ant-design/charts
```

然后，我们可以应用以下示例代码创建地图组件。

```jsx
import React from 'react';
import { Map } from '@ant-design/charts';
const MyMapChart = () => {
  const data = [
    { city: '青岛', value: 100 },
    { city: '济南', value: 200 },
    { city: '北京', value: 150 },
    { city: '深圳', value: 300 },
    { city: '上海', value: 250 },
  ];
  const config = {
    data,
    xField: 'city',
    yField: 'value',
    geoField: 'city',
    meta: {
      city: { alias: '城市' },
      value: { alias: '数值' },
    },
  };
  return <Map {...config} />;
};
export default MyMapChart;
```

【代码解析】

通过上述示例代码，我们实现了通过一个简单的地图来展示几个城市的数值数据。

通过本节内容，我们了解了 Ant Design 中图表和地图组件的基本用法，以及如何在 React 项目中应用这些组件。Ant Design 图表和地图组件的强大功能和易用性，为数据可视化和地理信息展示提供了便捷的解决方案。

12.8 Ant Design 自定义主题和样式定制

有时我们需要根据项目需求定制自定义主题和样式，以满足特定设计要求或与品牌风格保持一致。本节将介绍如何在 Ant Design 中自定义主题和定制样式。

1. 自定义主题

Ant Design 提供了一种强大的自定义主题方法，通过修改 less 变量改变组件的样式。首先，创建一个包含 Ant Design less 变量的文件，例如 custom-theme.less。

```less
@primary-color: #1890ff; // 修改主题色
```

然后，在项目中引入该文件，并在 webpack 配置中使用 less-loader 加载 less 文件。

```javascript
// webpack.config.js
{
  test: /\.less$/,
  use: [
    'style-loader',
    'css-loader',
    {
      loader: 'less-loader',
      options: {
        lessOptions: {
          modifyVars: {
            '@primary-color': '#1890ff' // 修改主题色
          },
          javascriptEnabled: true,
        },
      },
    },
  ],
}
```

2. 样式定制

除了修改主题色，我们还可以对 Ant Design 组件的样式进行定制化。以 Button 组件为例，我们可以修改按钮的背景色、字体大小、圆角等属性。在自定义样式时，可以通过修改 Ant Design 的 less 变量或自定义 CSS 类。

```less
// custom-theme.less
@primary-color: #1890ff; // 主题色
```

```less
// 修改按钮的背景颜色
@btn-primary-bg: @primary-color;
// 修改按钮的字体大小
@btn-font-size-lg: 16px;
@btn-font-size-sm: 14px;
```
```javascript
// Button 组件样式定制
<Button className="custom-button">Custom Button</Button>
```
```css
/* custom-style.css */
.custom-button {
  background-color: #1890ff;
  color: white;
  border-radius: 5px;
  font-size: 16px;
  padding: 8px 16px;
}
```

3. 自定义组件

有时，我们需要在 Ant Design 的基础上定制一些特殊组件，以满足特定的业务需求。可以通过继承 Ant Design 组件或自定义组件进行实现。

```javascript
// 自定义 Input 组件
import React from 'react';
import { Input as AntdInput } from 'antd';
const CustomInput = (props) => {
  return <AntdInput {...props} style={{ border: '2px solid #1890ff' }} />;
}
export default CustomInput;
```

【代码解析】

通过上述方法，我们可以对 Ant Design 组件进行二次开发，实现更加灵活和符合需求的效果。

本节介绍了如何在 Ant Design 中进行自定义主题和样式定制的方法，以及对组件进行个性化定制的技巧。通过灵活运用 Ant Design 提供的样式变量和 CSS 类，结合自定义组件，可以轻松实现与众不同的 Web 应用。